数字技术与学前教育丛书

Coding as a Playground
Programming and Computational Thinking
in the Early Childhood Classroom
Second Edition

编程
儿童的游乐场
（第二版）

[美] 玛丽娜·乌玛什·伯斯（Marina Umaschi Bers）著
陈 翠 译

教育科学出版社
·北 京·

丛书推荐序

随着人类进入数字时代，数字技术日益渗透到我们的生活中，数字技术与学前教育的关系问题也不可避免地成为热门话题。对于幼儿要不要接触数字技术，在学前教育界有着截然不同的观点。主张热情拥抱数字技术的一派认为，数字技术引进幼儿园，可以让幼儿的学习内容更新、学习方式升级，既能让幼儿学到新东西，又能激发幼儿的兴趣，何乐不为？但另一派则担心年幼儿童屏幕暴露时间过长，可能会带来视力方面的损害，更担心幼儿如果长时间沉迷于数字技术产品，会导致他们对虚拟世界的兴趣远远超过对真实世界的兴趣，从而影响他们对真实世界的认知，以及现实的人际交往。

究竟该如何看待这个问题？我愿借为“数字技术与学前教育丛书”作序的机会，简单谈谈我的看法。身处数字时代，技术发展日新月异，每个人都被裹挟其中，从这个意义上说，我们是无从拒绝的。与我们这一代人相比，今日的儿童更是数字时代的“原住民”，从他们出生之始，就被数字化产品所包围。对他们来说，人机互动与人际互动都是同样真实的存在。

然而，随着数字产品越来越廉价易得，它对儿童发展的影响也在分化，这就是所谓“数字鸿沟”（digital gap）。国外有研究表明，在不同社会经济阶层的家庭，儿童使用数字产品存在显著的差异，突出表现在家长对内容的筛选及使用时长的控制上。这个事实给了我们一个重要的提醒：任何事物都具有两面性。面对数字技术产品的普及，我们应该思考的是如何引导儿童善用技术，而不是任由儿童沉迷其中。

技术，究其本质，是一种手段，而非目的。应该让技术为我所用，而非为技术而技术，更不能走向技术崇拜。既然数字技术产品已经成为当代儿童生活环境的一部分，那么让儿童接触技术产品，学习、掌握技术产品的使用，当然无可厚非，它本身也是儿童认识环境的一个组成部分。但如果我们止步于此的话，那就错将手段作为目的了。在学前教育中，我们应该通过数字技术产品的应用实践，萌发儿童对技术本质的最初体验。相信本丛书可以给我们很多启发。

同样，对于儿童学习编程的问题，我们也要超越对具体知识和技能的掌握，要看到它背后其实蕴含了一种思维方式的启蒙，那就是计算思维。计算思维是数字技术世界运行的底层逻辑。所以学习编程绝不只是学习一种程序语言，而且是一种思维方式的启蒙，更是未来理解数字技术世界的基础。当儿童明白，任何数字技术产品，本质上都是运用计算思维解决问题的工具而已，他们便具有了从底层逻辑消解“技术神话”的能力，从而在根本上避免沦为技术附庸的危险。

儿童学习编程既可以借助软件产品，如麻省理工学院雷斯尼克团队研发的 Scratch 就是一个优秀的代表；也可以采用“不插电”的方式，将编程融于生活和游戏之中。本丛书向我们展示了儿童计算思维培养的多种可能，相信它可以启发我国学前教育工作者的实践。是为序。

南京师范大学　张俊

2023 年 9 月

译者序

2018 年，我在图书馆遇到了《编程——儿童的游乐场》这本书的第一版。这令当时沉浸在幼儿园课程改革研究中的我豁然开朗：近几年，信息技术的发展正在推动教育的变革和创新，编程教育也许是幼儿园甚至中小学课程改革的一个重要方向。

2022 年 ChatGPT 的问世，标志着通用人工智能时代的来临，人们开始真切感受到信息技术的强大和可怕。事实上，人类社会已全面进入人工智能、量子信息、物联网和区块链等新一代信息技术驱动的数字时代。许多传统行业都在进行数字化转型，如算法医学、算法金融、计算法律、计算社会学、数字考古学、数字艺术和数字新闻等。越来越多的工作必须通过电脑程序来完成，工作者需要懂得如何对电脑下指令，指挥其做出相应的动作。许多行业不再是简单的技术劳动：汽车技工除了更换机油，还要懂得修改上百万条的电脑程序，比打造宇宙飞船还复杂；医院的护士也要看得懂数据分析，才能利用电子系统管理病人的健康状况。

科技的发展也推动了教育的改变。现今的科技教育不能仅仅教会儿童使用电脑，还要让儿童学会跟电脑沟通、交流的语言。编程语言目前已经被定义为“第二外语”，编写程序就是一个和电脑沟通的过程。而我们知道，语言的学习并非掌握一些字词就能达到熟练的程度，还需要学习其背后的思维方式和表达习惯，通常需要经年累月的积累才能日益精进。程序是语言的艺术，儿童不仅要学会编写程序的方法，更要学习编程语言的思考方式，也就是计算思维。编程和计算思维的学习也并非一朝一夕的事情，往往需要经历一个复杂的认知、修正到成熟的循序渐进的过程。有研究指出，这种学习最好从儿童早期开始，一直持续到大学，方能达到高阶的思维流畅性。

相应地，随着专为儿童开发的编程环境的诞生，编程学习的年龄门槛已大大降低。许多实证研究表明，3 岁的儿童就可以使用 KIBO 机器人创建语法正确的简单程序，4—6 岁的儿童就可以理解编程中的排序、循环、参数和分支等基本概念。然而，与此同时，年幼儿童编程学习的理论研究却相对滞后。如何把计算机科学的思想带到儿童早期，如何以具有发展适宜性的方式将编程介绍给年幼儿童，是困扰教育工作者的一大难题。

伯斯教授的这本著作，极大地填补了这个空白。书中“编程是游乐场”“编程作为另一种语言”的理念，为我们指出了编程教学的方法：要像教一门语言一样教编程，而不是像教技术一样。技术需要的是精熟训练，而语言需要的是流畅的个人表达和自由创作的土壤，即“游乐场”。“正向技术发展”框架又提醒我们注意技术教育中存在的风险，强调要将儿童的编程学习保持在正向应用的范畴内。伯斯教授主导开发的积木式编程工具 KIBO 和她参与开发的图形化编程工具 ScratchJr，又为年幼儿童的编程教育提供了技术支持。

我很荣幸能将这本书翻译和推荐给读者。感谢教育科学出版社的出版发行，感谢本书编辑所做的大量工作，也感谢我的研究生康庆庆为我的工作提供的支持。部分英文内容难以找到恰当的中文翻译，若有疏漏之处，恳请读者赐教。

陈翠

2023 年秋日于苏州科技大学教育学院

目 录

作者简介

玛丽娜·乌玛什·伯斯（Marina Umaschi Bers）出生于阿根廷，1994年至美国攻读研究生学位。她在波士顿大学获得教育媒体硕士学位，在麻省理工学院媒体实验室获得理学硕士和哲学博士学位。在麻省理工学院期间，她与西摩·佩珀特（Seymour Papert）一起从事科研工作。她现在是塔夫茨大学艾略特－皮尔逊儿童研究与人类发展系和计算机科学系教授，并领导跨学科的技术与儿童发展（Developmental Technologies，DevTech）研究小组。她致力于研究和设计新的学习技术，以促进儿童青少年的正向发展。

伯斯教授曾获得2005年美国青年科学家与工程师总统奖（Presidential Early Career Award for Scientists and Engineers，PECASE）、美国国家科学基金会杰出青年学者奖（CAREER Award）和美国教育研究协会的简·霍金斯奖（Jan Hawkins Award）。在过去的25年里，她一直从事从机器人到虚拟世界的各种教育技术的构想、设计和评估。当她有了自己的3个孩子——塔利、艾伦和尼科后，她决定将研究重点放在4—7岁儿童的技术环境上。伯斯教授获得的多项资助使她能够开发和研究这些技术。她开发出了免费的编程应用程序ScratchJr和使用积木编程的机器人工具包KIBO。KIBO由KinderLab Robotics公司销售，她于2013年与人合作创立了这家公司，并因此获得了《波士顿商业杂志》（*Boston Business Journal*）颁发的2015年备受关注女性奖。

伯斯教授开发这些技术的哲学和理论方法，以及她的教学方法、课程和评价方法，都可以在她的著作《从积木到机器人：在早期教育中运用技术进行学习》（*Blocks to Robots: Learning with Technology in the Early Childhood Classroom*，2008，Teachers College Press）、《为青少年的正向发展设计数字体验：从游戏围栏到游乐场》（*Designing Digital Experiences for Positive Youth Development: From*

Playpen to Playground, 2012, Oxford University Press)、《ScratchJr 官方手册》(*The Official ScratchJr Book*，2015，No Starch Press)，以及《编程——儿童的游乐场》(*Coding as Playground: Programming and Computational Thinking in the Early Childhood Classroom*，2018，Routledge) 第一版中找到。伯斯教授热爱教学，并于 2016 年获得了塔夫茨大学指导研究生做研究的杰出教师贡献奖。此外，她还为教育工作者举办关于学习技术的研讨会，并为学校、博物馆、课外活动机构、玩具和媒体公司以及非营利组织提供广泛的咨询。

致　　谢

我从我的老师那里学到了很多，从同事那里学到了更多，但大部分是从我的学生那里学到的。这本书是多年对话、探索、合作和观察的结果。我的编程之旅始于 1970 年代中期，那时我还在家乡阿根廷的布宜诺斯艾利斯。8 岁时，父母帮我报了一个计算机编程课程，学习 LOGO。那时我绝对想不到，几十年后，LOGO 之父西摩・佩珀特会成为我的导师。在麻省理工学院媒体实验室进行博士研究期间，西摩一直引导我发现问题，并鼓励我追求梦想和抱负。当时的年轻教授米奇・雷斯尼克（Mitch Resnick）为我提供了所需的稳定支持。多年后，能与他在 ScratchJr 等项目上合作，并在早餐时吃着他自制的面包讨论想法，这些经历对我而言是一种荣誉和荣幸。谢里・特克尔（Sherry Turkle）是我博士论文的评审专家，她总是充满灵感，不断提醒我让技术回归人性的重要性。

在麻省理工学院求学期间，我主要研究面向小学生和中学生的编程语言和教育机器人。然而，当我有了自己的孩子并成为塔夫茨大学一名年轻的助理教授后，我很快意识到需要把计算机科学的思想带到儿童早期。艾略特－皮尔逊儿童研究与人类发展系的同事们成了我的老师。特别是时任艾略特－皮尔逊儿童学校校长的黛比・利凯南（Debbie LeeKennan）、时任儿童早期教育项目主任的贝姬・纽（Becky New）、戴维・埃尔金德（David Elkind）、戴维・亨利・费尔德曼（David Henry Feldman）和理查德・勒纳（Richard Lerner），他们给了我很多帮助。塔夫茨大学机械工程学教授、工程教育与推广中心创始人克里斯・罗杰斯（Chris Rogers）成了我的“死党”，他随时愿意和我边散步边讨论共同教授一门课程，设计教育玩具、创客空间、3D 打印，或给我一些明智的建议。

我一直着迷于书面语言和编程语言之间的相似性，以及编程成为一种新的读写能力的潜力——它将切实影响我们的思维方式，并带来教育变革和社会变革。在写这本书时，我重温了在布宜诺斯艾利斯大学读本科并担任阿尼巴尔·福特（Anibal Ford）和亚历杭德罗·皮希泰利（Alejandro Piscitelli）的助教时读过的有关读写能力和口语能力的书。这一次，我用不同的视角阅读那些旧书和文章。我觉得这个圆圈闭合了：我的学术生涯始于研究语言和故事的作用、交流和表达；25 年后的今天，我回到了那些具有开创性的想法。

自从《编程——儿童的游乐场》第一版出版以来，编程在美国教育界乃至全世界变得更加普遍和流行。然而，以具有发展适宜性的方式将编程引入儿童早期的教学方法的传播，并不总是与政策的发展齐头并进。本书提出了对于在儿童早期引入编程很重要的两个比喻：编程是游乐场，编程是读写能力。

本书第二版聚焦具有游戏性、发展适宜性的儿童早期编程教学方法，以阐释这两个比喻，并提供了更多的课程活动、情景片段、编程项目，以及儿童、教师和家长使用 ScratchJr 和 KIBO 创建编程项目的全新案例。自本书第一版出版以来，我为年幼儿童设计的这两种编程环境广受欢迎，在全世界产生了越来越大的影响。KIBO 现已在 60 多个国家和地区使用，而 ScratchJr 已拥有 1300 万用户。

多年来，我有幸拥有一个由本科生、研究生以及研究人员组成的跨学科团队，在塔夫茨大学的技术与儿童发展研究小组中工作。阿曼达·斯特劳哈克（Amanda Strawhacker）博士、里瓦·达马拉（Riva Dhamala）、马杜·戈文德（Madhu Govind）、埃米莉·雷尔金（Emily Relkin）、安吉·卡尔特霍夫（Angie Kalthoff）、齐瓦·哈森费尔德（Ziva Hassenfeld）博士、梅甘·本尼（Megan Bennie）、阿皮塔·乌纳哈勒卡卡（Apittha Unahalekhaka）和凯特琳·莱德尔（Kaitlyn Leidl）直接参与了本书中有关 ScratchJr 的一些研究。在本书第一版中，阿曼达·沙利文（Amanda Sullivan）博士是我的得力助手，为我提供了文献综述和情景片段，并对这本书进行了整体的编辑。我很感激她，不只是因为她对相关研究的智力贡献，还因为她的善良和优秀的精神品质。在本书第二版中，阿曼达·斯特劳哈克博士扮演了这个角色。阿曼达将她那专注于细节的眼光和组织技巧带到了这个项目中，以确保研究进展都更新到最新状态，并确保本书在讲述时呈现出统一的风格。她时常带着微笑，有着乐于助人的精神。本书讲述了我在技术与儿童发展研究小组进行研究的故事，如果没有这两位优秀的阿曼达女士，本书是不可能完成的。我有幸指导这两位女士，并见证她们成长为了不起的研究人员。

当准备让 KIBO 离开我所在的塔夫茨大学技术与儿童发展研究实验室并成为一个产品时，米奇·罗森堡（Mitch Rosenberg）和我共同创立了 KinderLab Robotics 公司，将 KIBO 商业化，并将其推向世界。我感谢他相信我的想法并全身心地投入这段旅程。我还要感谢 KinderLab Robotics 公司的优秀团队及其董事会成员，是他们让 KIBO 能够走进世界各地成千上万的家庭和学校。

感谢我的丈夫帕托·奥唐纳（Pato O'Donnell）给予我如此多的关爱、关怀和陪伴。我们在生活中发现幸福，这让我的生命变得更加完整。我的 3 个孩子塔利、艾伦和尼科是我的人生导师，也是我在设计编程环境时最严厉的批评者。他们是 KIBO 和 ScratchJr 每次迭代更新的见证者，他们玩过早期的原型并给我提供了反馈。随着年龄的增长，他们和我一起周游世界，帮助我展示样品，在研讨会上辅助我教学。在晚宴上，他们最擅长展示样品。我的母亲莉迪娅（Lydia）很早就让我知道了计算机编程，她是我的忠实粉丝和支持者。没有她的帮助，我不可能安心地完成我的工作并成为一名称职的母亲。我父亲在我很小的时候就离世了，但我做的每件事都有他的影子。

感谢美国国家科学基金会和 Scratch 基金会对我工作的支持，也感谢那些阅读了本书初稿并给予我宝贵建议的人：阿曼达·沙利文博士、阿曼达·斯特劳哈克博士、葆拉·邦塔（Paula Bontá）、辛西娅·所罗门（Cynthia Solomon）、杨淑玲（Adeline Yeo）、克劳迪娅·米姆（Claudia Mihm）、克拉拉·希尔（Clara Hill）、马杜·戈文德、埃米莉·雷尔金、安吉·卡尔特霍夫、齐瓦·哈森费尔德博士和梅甘·本尼、阿皮塔·乌纳哈勒卡卡、凯特琳·莱德尔、艾伦·伯斯（Alan Bers）、泽慧·洛（Tze Hui Low）、瓦莱里娅·拉腊尔特（Valeria Larrart）和里瓦·达马拉。最后，我要感谢世界各地成千上万的儿童、儿童早期教育工作者、校长和管理者，他们多年来一直在参与我的研究。我从他们那里学到了任何书本都无法教给我的东西。

引　言

5岁的利安娜[①]正拿着平板电脑坐在学前班[②]的教室里。她很专注，偶尔扭动一下身体。突然，她激动地对所有人大叫起来："看我的猫！看我的猫！"利安娜兴奋地展示她的动画。她对 ScratchJr 小猫进行了编程，能够让它在屏幕上出现和消失5次。她把一长串图形化编程积木，更确切地说，是被称为"外观积木"的紫色积木组合在一起。利安娜还不识字，但她知道这些积木可以让 ScratchJr 小猫在屏幕上显示和隐藏，还可以控制小猫的行为。她可以通过选择外观积木并按一定的顺序组合，来决定小猫在屏幕上出现和消失的次数。作为一名5岁的儿童，利安娜和大多数同龄儿童一样，都想要创建尽可能长的序列，所以她用10块积木组合成一个脚本，直到指令面板的空间用完为止。

老师注意到利安娜兴奋的样子，于是走过去看她编写的程序。利安娜很自豪地展示她所说的"我的电影"："这是我制作的。看我的小猫，它出现又消失，很多很多次。看！"她点击 ScratchJr 界面上的"绿旗"，动画就开始播放了。这时，老师问她："小猫出现和消失了多少次？""5次，"利安娜回答，"没有地方了，我还想做更多次。"老师给她看一块长长的橙色积木，叫作"循环"。该积木允许在其中插入其他积木以执行"循环"命令，由程序员决定它要循环多少次。利安娜发现这块积木看起来与紫色的那块略有不同，它是橙色的。它属于另一个不同的类别，称为"控制积木"。

经过一些试错之后，利安娜终于弄明白了：在橙色的"循环"积木中插入

① 为了行文和阅读方便，本书不再一一标注文中出现的地名、人名等的英文原名，基于内容需要进行特别说明的除外。——编辑注

② 美国的学前班（Kindergarten）附设于小学内，班中儿童的年龄大致对应于我国幼儿园的大班。——编辑注

紫色的显示和隐藏积木的组合，就能构成重复循环程序。她只需把一组紫色积木放在“循环”积木中，并将重复次数设置为她能想到的最大值即可。她选择了数字 99，并点击“绿旗”，观看动画效果。小猫开始在屏幕上不停地出现和消失，没过几秒钟，她就看累了。所以，她回到自己的程序中，将重复次数改成了 20 次（见图 0.1）。

图 0.1 ScratchJr 中利安娜“消失的小猫”程序界面。
图中，小猫被设置为重复出现和消失 20 次

在这段经历中，利安娜接触了计算机科学的一些强大思想（powerful ideas），它们是以年幼儿童也能理解和接受的方式呈现的。同时，她也发展了计算思维。她意识到，编程语言有自己的句法，用符号来表示动作。她明白，自己的选择会对屏幕上发生的事情产生影响。她也能够创建一个指令序列来表示复杂的行为（如出现和消失）。她能够系统地运用逻辑来正确地排列积木。她还练习并运用了模式的概念，这也是她今年早些时候在数学活动中学到的。利安娜还学习了新的积木以实现自己的想法，并理解了循环和参数的概念。同时，她也在积极解决问题，并在克服困难达成所愿（即，做出一部很长的“电影”）的过程中磨炼了自己的毅力。最后，利安娜能够根据自己最初的想法创建一个项目，并将其转化为最终作品，这个项目是她选择的，而且是她自己非常喜欢的项目。她很自豪地跟别人分享，当最后的结果不符合预期时（即，“电影”最

终太长了，以致看着很无聊），她也很乐意进行修改。她还发展了估计和数感等数学能力（即，99 次比 20 次要长得多）。

利安娜使用 ScratchJr 编写程序。这是一种专门为年幼儿童设计的编程语言，可以在平板电脑和台式机上运行，并且可以免费下载。ScratchJr 是由我在塔夫茨大学的技术与儿童发展研究小组与麻省理工学院媒体实验室米奇·雷斯尼克的终身幼儿园小组以及来自加拿大 PICO（Playful Invention Company）公司的葆拉·邦塔和布赖恩·西尔弗曼（Brian Silverman）合作设计和开发的。目前，全世界有超过 1300 万的年幼儿童正在使用 ScratchJr 来创建自己的项目。

利安娜的老师将 ScratchJr 整合到学习环境中，使得孩子们可以自由创建他们感兴趣的项目。利安娜对此感到兴奋、充满热情，在小猫完全按照她的意愿做动作之前，她决不放弃。她努力工作并乐在其中。她享受学习并全身心地投入其中。对利安娜来说，发展计算思维不只是解决问题，还意味着学习概念、技能和思维习惯，以便通过编程来表达自我。

本书探讨了编程对儿童的作用。具体来说，它关注儿童通过成为“程序员”并像计算机科学家一样思考可以达成的发展里程碑和学习经验。编程促使儿童成为技术的生产者，而不仅仅是消费者。像利安娜这样的孩子，可以创作自己的电影或动画、互动式游戏或故事。编程不仅是一种涉及解决问题、掌握编程概念和技能的认知活动，也是一种涉及情感和社会领域的表达媒介。利安娜会坚持完成自己的项目并进行调试，因为她真的很在乎它。她感到骄傲，觉得一切都在掌控之中。“小猫电影”让她展现了自己。她非常喜欢动画电影，也为自己能制作动画电影而激动不已。

就像任何自然语言——英语、西班牙语或日语——允许我们表达我们的需求和愿望、我们的发现和挫折、我们的梦想和日常活动一样，ScratchJr 之类的编程语言也为我们提供了一种表达工具。我们需要学习编程语言的句法和语法，随着时间的推移，我们接触得越多，就会变得越熟练。我们知道自己什么时候真正学会了一门新的语言，那就是当我们能够因为不同的目的而使用它时：写一首情诗，列一张超市购物清单，写一篇学术论文，点一份比萨饼，或者在社交聚会上谈论时事新闻。一门新的语言帮助我们以新的方式思考和交流。此外，在我们能用这门新语言做梦的那晚，我们就知道自己已经掌握了它。

用实物编程

编程语言有不同的界面，支持不同的表达方式。编程可以发生在屏幕上，就像利安娜使用 ScratchJr 一样，也可以通过实物进行。例如，KIBO 机器人——也是我在塔夫茨大学技术与儿童发展研究实验室开发的，现在由 KinderLab Robotics 公司完成产品的商业化——能够让儿童在不使用任何屏幕的情况下进行编程。其编程语言是由木质积木块组成，积木块上有木销和小孔，可以相互插入，形成一个实物的指令序列。每个积木块表示一个指令：前进、摇晃、等待拍手、亮灯、发出哔声等。

让我们看看玛雅和纳坦使用 KIBO 的经历。他们也在上学前班，此时正在合作开展一个 KIBO 机器人的项目。玛雅正在选择积木块，让 KIBO 跳“变戏法”① 舞蹈。她以绿色的“开始”积木块开始，以红色的“结束”积木块结束，还需要找出中间的积木块。但是，玛雅忘记了老师教他们的 KIBO“变戏法”歌曲，所以她不知道该选择哪些积木块。好在队友纳坦帮她想起了这首歌：

你把机器人放进去，
你把机器人拿出来，
你把机器人放进去，
你摇晃着它，然后变戏法！
最后转过身来，就是这样！

玛雅跟着唱，她随着歌曲的进行选择积木块，并按照顺序将积木块排列在一起：开始；“你把机器人放进去”，前进；“你把机器人拿出来”，后退；“你把机器人放进去”，前进；“你摇晃着它”，摇晃。突然，她停下来说：“纳坦，我找不到‘变戏法’积木块了！”“没有这种积木块的。”纳坦回应道，“我们需要自己把它编写出来。就让 KIBO 亮蓝灯和红灯吧，当作我们的‘变戏法’积木块。”玛雅同意了，在程序中添加了这两个积木块，然后添加了“摇晃”“旋转”

① 变戏法（Hokey Pokey）：源于 19 世纪英国的一种民间团体舞蹈。——译者注

和“发出哔声”来表示歌曲中的“就是这样”。玛雅和纳坦一边唱歌一边查看程序，确保已经把所有需要的积木块组合在一起。然后他们启动 KIBO，进行测试：KIBO 扫描仪（玛雅称之为“嘴”）的红灯开始闪烁，这意味着机器人已经准备好扫描木质积木块上的每个条形码了（示例见图 0.2）。

轮到纳坦了，他一个接一个地扫描积木块。但是他速度太快了，跳过了“亮红灯”积木块。玛雅指出了他的错误，于是他重新开始扫描。

图 0.2 KIBO 机器人正在扫描一个“变戏法”程序：开始、前进、后退、前进、摇晃、旋转、结束

孩子们很兴奋地看到他们的机器人跳着“变戏法”舞蹈。“当我数到 3 的时候，你就开始唱歌。”玛雅对纳坦说。他们知道该怎么做，因为他们在课堂上的技术圈时间（technology circle time）[①] 练习过。纳坦唱歌，玛雅和 KIBO 一起跳“变戏法”舞蹈。但是程序运行得太快了，KIBO 跳得太快了。“你能唱快点儿吗？”玛雅问道。纳坦又试了一次，但还是不行。“我们遇到一个问题，”他说，“我怎么唱都不够快，跟不上 KIBO。”玛雅有个主意：对于歌曲中的每一个

① 技术圈时间是指围绕技术使用进行分享和讨论的集体活动。——译者注

动作，都放两个积木块，这样 KIBO 的动作就会持续更长时间。例如，在“你把机器人放进去”这一部分，她不是只放一个“前进”块，而是放两个“前进”块，以此类推。纳坦再次尝试唱歌，这一次，KIBO 能以合适的节奏跳舞了。

两个孩子都开始拍手、摇晃身体、上下跳跃。在不知不觉中，就像利安娜创作 ScratchJr 动画一样，他们也接触了计算机科学的强大思想，如排序、算法思维、调试或问题解决。他们还探索了在学前班学习的数学概念，如估计、预测和计数。此外，他们还进行了合作。他们的老师玛丽萨解释说：

> 孩子们在家看屏幕的时间已经太多了。当他们在学校时，我希望他们学习新的 STEM（科学、技术、工程和数学）概念和技能，但同样重要的是，我也希望他们学会人际交往和与他人合作。我想让他们互相看着对方，而不是看着屏幕。对此，KIBO 就是理想的选择。

在技术圈时间，玛丽萨要求每一组孩子展示他们的跳舞 KIBO，并邀请其他人站起来一起跳舞。有笑声、掌声，有体育活动、人际交往、语言发展、问题解决和游戏——趣味横生，感觉就像游乐场，而不是编程课。在以前的著作中，我创造了“游乐场 vs 游戏围栏”（Bers, 2012）的比喻来讨论新技术在年幼儿童生活中的作用。编程活动可以成为一个游乐场，一个发挥创造力、表达自我、独自或与他人一起探索、学习新技能和解决问题的环境。同时，孩子们还可以玩得很开心。

高科技游乐场

游乐场是开放的，游戏围栏是有限制的。游乐场支持幻想游戏，有利于想象力和创造力的发展。“游乐场 vs 游戏围栏”的比喻提供了一种方式，能帮助我们理解新技术（如编程语言）可以促进的具有发展适宜性的经验：问题解决、想象力、认知挑战、人际交往、运动技能、情感探索和做出不同的选择。与开放式的游乐场形成鲜明对比的是，游戏围栏意味着缺乏实验的自由，缺乏探索的自主权，缺乏进行创造的机会，缺乏冒险精神。虽然游戏围栏更安全，但游乐场可以为成长和学习提供无限可能。

本书聚焦于将编程活动作为游乐场。编程可以通过不同的编程语言来实现，就像我们表达自己可以通过不同的自然语言（如西班牙语、英语或汉语）来实现一样。利安娜用 ScratchJr 制作了一部小猫出现和消失的动画电影。玛雅和纳坦用 KIBO 的积木块让机器人跳“变戏法”舞蹈。他们都成了自己项目的程序员、制片人和创作者。在整本书中，我们将了解更多关于 ScratchJr 和 KIBO 的知识。我们还将探索计算机科学的强大思想在儿童早期教育方面的潜力。在本书中，我采取的是游戏性的方法，即游乐场的方法，而不是游戏围栏的方法。在这段旅程中，我们还将深入探讨计算思维的作用及其与编程的关系。

儿童早期编程教育

编程有了新的推动力。奥巴马总统是第一位在大型公开活动中编写程序的美国总统，他的政府发起了“全民计算机科学”（Computer Science for All）行动，将编程纳入教育的各个阶段（Smith, 2016）。近年来的研究和政策的变化也为编程带来了新的关注（A Framework for K12 Computer Science Education, 2016; Barron et al., 2011; International Society for Technology in Education, 2007; NAEYC and Fred Rogers Center for Early Learning and Children’s Media, 2012; Sesame Workshop, 2009; U.S. Department of Education, Office of Education Technology, 2010）。

在撰写本书时，美国有 33 个州已经制定了学前班至 12 年级计算机科学标准，另有 5 个州正在制定中。这意味着超过四分之三（达到 76%）的州已经或正在制定计算机科学标准，而 24% 的州目前仍然没有标准，也没有制定标准的计划。仅在欧洲，就有许多国家将编程整合到国家、地区或地方层面的课程中，其中包括奥地利、比利时、保加利亚、捷克、丹麦、爱沙尼亚、芬兰、法国、匈牙利、爱尔兰、立陶宛、马耳他、波兰、葡萄牙、斯洛伐克、西班牙、土耳其和英国（Balanskat & Engelhardt, 2015; European Schoolnet, 2014; Livingstone, 2012; Uzunboylu, Kınık & Kanbul, 2017）。在欧洲以外，澳大利亚、新加坡和阿根廷等国也制定了明确的政策和框架，将信息技术和计算机编程纳入学前班至

12 年级教育中（Australian Curriculum Assessment and Reporting Authority, 2015; Digital News Asia, 2015; Jara, Hepp & Rodriguez, 2018; Siu & Lam, 2003）。

编程网（Code.org）旨在鼓励全国各地的学校采用编程课程，促使人们广泛接触计算机科学。据该网站的数据，2013 年至 2018 年，来自 196 个国家的超过 7.2 亿的小学、初中和高中学生完成了“编程一小时”教程（Code.org, 2019a）。2015 年 1 月，“编程一小时”达到 1 亿“服务小时”，成为历史上最大规模的教育活动。这一数字在 2019 年跃升至超过 9.1 亿（Code.org, 2019b）。此外，截至 2019 年 2 月，面向 8 岁及以上创意编程人员的工具，如在线 Scratch 编程社区，共分享了 50350184 个编程项目。

推动编程纳入儿童早期教育，响应了经济方面不断增长的需求。每个月，全美范围内估计有 50 万个计算机工作岗位空缺，但缺乏训练有素的人员来填补这些空缺（code.org, 2020）。根据美国劳工统计局的数据，从 2014 年到 2024 年，与计算机相关的职业将产生超过 100 万个空缺岗位（Fayer, Lacey & Watson, 2017）。在今后不到十年的时间里，美国将需要 170 万名工程师和计算机专业人员（Corbett & Hill, 2015）。社会迫切需要程序员。因此，推动儿童早期编程教育的倡议正在增加。然而，将编程纳入儿童早期教育需要更多的理由，而不只是满足未来经济的需求。本书将探索这些理由：学习编程不只是为工作做准备，还能促使儿童以系统的方式进行思考，并学习使用一种语言——编程的语言来表达自己的想法。它能以游戏性的、具有发展适宜性的方式进行，并促进儿童的社会化以及创造性的问题解决。

本书并不提倡将儿童早期编程教育作为满足劳动力需求的一种方式。本书主张，编程是 21 世纪的一种新素养（即新的读写能力）。作为一种新素养，编程赋予人们新的思维方式、新的交流方式以及新的表达方式。此外，这种素养能确保人们参与决策过程和公共事务。在历史上，以及在当今的世界上，那些不会读写文本的人被排除在权力结构之外，他们的声音无法被听到。未来，那些不会编程的人，以及不会运用计算思维的人，是否也会面临这种情况？

我们从孩子很小的时候就开始教他们阅读和写作。然而，我们并不期望每个孩子都能成长为职业作家。我相信文本读写能力对每个人来说都是一种重要的技能和智力工具。编程也是如此。我并不提倡所有的孩子都成长为软件工程师和程序员，但我希望他们都具备计算素养（computational literacy，即计算读写能力），这样他们就可以成为数字产品的生产者，而不仅仅是消费者。

虽然迄今为止，大多数全国性的编程教育行动都是针对年龄较大的儿童，但也有一些新的努力聚焦于儿童早期教育。例如，2016 年 4 月，白宫召集研究人员、政策制定者、行业从业者和教育工作者，发起了一项针对儿童早期教育的 STEM 行动（White House, 2016）。作为这个小组的一员，我受邀讨论编程和计算思维的作用。英国等国家已经调整了他们的课程，从儿童早期就开始学习包括编程在内的计算机科学。在亚洲地区，新加坡正迅速启动全国性项目，通过 PlayMaker 计划将 KIBO 机器人等技术引入儿童早期的教室中（Digital News Asia, 2015; Sullivan & Bers, 2018）。本书第十二章将介绍这一举措。

直到最近，人们才开始重视儿童早期计算机教育，这得益于新的编程界面（如 ScratchJr 和 KIBO）的开发，以及越来越多的研究发现，从小接触 STEM 课程和计算机编程的儿童对 STEM 职业表现出的性别刻板印象更少（Metz, 2007; Steele, 1997），进入技术领域的障碍也更少（Madill et al., 2007; Markert, 1996）。

研究表明，从经济和儿童发展的角度来说，始于儿童早期的教育干预都比始于儿童晚期的干预成本更低，效果也更持久（例如，Cunha & Heckman, 2007; Heckman & Masterov, 2004）。美国国家研究理事会（National Research Council, 2000, 2001）的两份报告——《渴望学习》（*Eager to Learn*）和《从神经细胞到社会成员》（*From Neurons to Neighborhoods*）——记录了儿童的早期经历对以后学业成就的重要影响。例如，关于读写能力的研究表明，阅读成功的基础早在儿童上一年级之前就已经形成，而阅读失败且在一年级结束时没有进步的儿童，在整个学校教育阶段的其他学科的学习中都面临着失败的高风险（Learning First Alliance, 1998; McIntosh et al., 2006）。编程是否也会是这样？

我理解将编程纳入儿童早期教育的认知收益和经济收益，我也很高兴看到计算机编程再次流行起来。然而在本书中，我为编程赋予了一种不同的意义。对于儿童来说，从小就学习编程固然重要，能让他们为未来进入蓬勃发展的计算机行业做好准备；但更重要的是，编程为儿童提供了一种系统的思维方式，一种表达和交流的语言。在编写程序的过程中，儿童可以学习成为更好的问题解决者、数学家、工程师、故事讲述者、发明家和合作者。让儿童学习和完善这些个人技能和人际交往技能的，是对一个简单程序进行排序的过程：一只小猫在屏幕上出现和消失，或者机器人在教室里和孩子们一起跳“变戏法”舞蹈。

编程蕴含并强化了计算思维。同时，计算思维也蕴含并强化了编程。在本书中，编程是指将一系列指令组合在一起，并在其没有按预期运作时进行调试或解决问题的行为。在这个过程中（注意“编程”是一个动词而非名词，所以它会随着时间的推移而展开），儿童会接触到计算机科学的强大思想，从而参与计算思维。编程是进行计算思维的唯一方式吗？绝对不是。正如我们将在本书后面看到的那样，有一些方法可以通过技术元素较少（low-tech）的游戏、唱歌和跳舞做到这一点。然而，在本书中我主张，编程应该成为每名儿童计算思维经验的一部分。此外，我还提倡使用游乐场（而非游戏围栏）的方法进行编程。

本书分为四个部分：第一部分，编程是游乐场；第二部分，编程是读写能力；第三部分，计算思维；第四部分，面向年幼儿童的新语言。在整本书中，我会呈现儿童和教师互动的情景片段，以及来自不同的研究、理论框架、技术设计和课程建议的成果。我将向读者发出挑战，请你们思考编程可以通过哪些方式，让儿童通过游乐场式的体验达成某些发展里程碑。儿童早期教育中引入编程和计算思维的新举措正在增加，新的标准和框架、新的编程语言和界面也都在开发之中。当计算机编程进入儿童早期教育时，我们有责任确保对游戏和创造力、社会互动和情感成长的重视不要被忽略。

参考文献

A Framework for K12 Computer Science Education. (2016). *A Framework for K12 Computer Science Education*.

Australian Curriculum Assessment and Reporting Authority. (2015). *Digital technologies: Sequence*.

Balanskat, A. & Engelhardt, K. (2015). *Computing our future: Computer programming and coding. Priorities, school curricula and initiatives across Europe*. Brussels: European Schoolnet.

Barron, B., Cayton-Hodges, G., Bofferding, L., Copple, C., Darling-Hammond, L. & Levine, M. (2011). *Take a giant step: A blueprint for teaching children in a digital age*. New York, NY: The Joan Ganz Cooney Center at Sesame Workshop.

Bers, M. U. (2012). *Designing digital experiences for positive youth development: From playpen to playground*. Cary, NC: Oxford University Press.

Code.org. (2019a). *Code.org 2018 Annual Report*.

Code.org. (2019b). *Hour of Code*.

Code.org. (2020). *Promote computer science*.

Corbett, C. & Hill, C. (2015). *Solving the equation: The variables for women's success in engineering and computing*. 1111 Sixteenth Street NW, Washington, DC 20036: American Association of University Women.

Cunha, F. & Heckman, J. (2007). The technology of skill formation. *American Economic Review*, *97*(2), 31–47.

Digital News Asia. (2015). *IDA launches S$1.5m pilot to roll out tech toys for preschoolers*.

European Schoolnet. (2014). *Computing our future: Computer programming and coding*. Belgium: European Commission.

Fayer, S., Lacey, A. & Watson, A. (2017). STEM occupations: Past, present, and future. *Spotlight on Statistics*, 1–35.

Heckman, J. J. & Masterov, D. V. (2004). The productivity argument for investing in young children. Technical Report Working Paper No. 5, Committee on Economic Development.

International Society for Technology in Education (ISTE). (2007). *NETS for students 2007 profiles*. Washington, DC: ISTE.

Jara, I., Hepp, P. & Rodriguez, J. (2018). Policies and practices for teaching computer science in Latin America. *Microsoft*.

Learning First Alliance. (1998). Every child reading: An action plan of the Learning First Alliance. *American Educator*, *22*(1–2), 52–63.

Livingstone, I. (2012). Teach children how to write computer programs. *The Guardian*. Guardian News and Media.

Madill, H., Campbell, R. G., Cullen, D. M., Armour, M. A., Einsiedel, A. A., Ciccocioppo, A. L. & Coffin, W. L. (2007). Developing career commitment in STEM-related fields: Myth versus reality. In R. J. Burke, M. C. Mattis & E. Elgar (Eds.),

Women and minorities in science, technology, engineering and mathematics: Upping the numbers (pp. 210–244). Northhampton, MA: Edward Elgar Publishing.

Markert, L. R. (1996). Gender related to success in science and technology. *The Journal of Technology Studies*, *22*(2), 21–29.

McIntosh, K., Horner, R. H., Chard, D. J., Boland, J. B. & Good, R. H., III. (2006). The use of reading and behavior screening measures to predict nonresponse to schoolwide positive behavior support: A longitudinal analysis. *School Psychology Review*, *35*(2), 275.

Metz, S. S. (2007). Attracting the engineering of 2020 today. In R. Burke & M. Mattis (Eds.), *Women and minorities in science, technology, engineering and mathematics: Upping the numbers* (pp. 184–209).Northampton, MA: Edward Elgar Publishing.

National Association for the Education of Young Children (NAEYC) & Fred Rogers Center for Early Learning and Children's Media. (2012). *Technology and interactive media as tools in early childhood programs serving children from birth through age 8.*

National Research Council. (2000). *From neurons to neighborhoods: The science of early childhood development.* Washington, DC: National Academies Press.

National Research Council. (2001). *Eager to learn: Educating our preschoolers.* Washington, DC: National Academies Press.

Sesame Workshop. (2009). *Sesame workshop and the PNC Foundation join White House effort on STEM education.*

Siu, K. & Lam, M. (2003). Technology education in Hong Kong: International implications for implementing the "Eight Cs" in the early childhood curriculum. *Early Childhood Education Journal*, *31*(2), 143–150.

Smith, M. (2016). Computer science for all. *The White House blog.*

Steele, C. M. (1997). A threat in the air: How stereotypes shape intellectual identity and performance. *American Psychologist*, *52*(6), 613–629.

Sullivan, A. L. & Bers, M. U. (2018). Dancing robots: Integrating art, music, and robotics in Singapore's early childhood centers. *International Journal of Technology &*

Design Education, *28*(2), 325–346.

U.S. Department of Education, Office of Educational Technology. (2010). *Transforming American education: Learning powered by technology*. Washington, DC.

Uzunboylu, H., Kınık, E. & Kanbul, S. (2017). An analysis of countries which have integrated coding into their curricula and the content analysis of academic studies on coding training in Turkey. *TEM Journal*, *6*(4), 783–791.

White House. (2016). *Fact sheet: Advancing active STEM education for our youngest learners*.

第一部分

编程是游乐场

第一章

最初的儿童编程语言

1969年，一位名叫辛西娅·所罗门的年轻女性和麻省理工学院教授西摩·佩珀特来到位于马萨诸塞州波士顿郊区莱克星顿的马兹高中，教学生如何编程。当时，“编程”是一个陌生且奇怪的词，很少有人知道它的意思。尽管学生们在学习编程，但是教室里却没有电脑。电脑在几英里外的博尔特、贝拉尼克和纽曼（Bolt，Beranek and Newman，BBN）研究实验室。教室里有电传打字机，类似于大型打字机。用户可以坐在电传打字机前保存和检索他们的工作。信息被发送到BBN的一台大型计算机PDP-1上，它是首批现代商用计算机之 ，搭载专用的LOGO分时系统。尽管PDP-1价格昂贵、体积庞大，但它的计算能力相当于1996年的袖珍管理器（pocket organizer），内存略少，并使用穿孔纸带作为主要存储介质。基础配置的PDP-1售价为12万美元（大约相当于今天的95万美元）（Hafner & Lyon, 1996）。

尽管如此，他们还是邀请学生们使用它，成为小程序员。所罗门在一封私人邮件中描述了学生们如何“编出有趣的句子生成器，并成为自己数学测验的熟练用户”。这是第一种儿童编程语言LOGO的开始。在麻省理工学院的西摩·佩珀特、BBN的沃利·福伊尔齐格（Wally Feurzeig）和丹·博布罗（Dan Bobrow）的带领下，随着时间的推移，许多人在LISP① 编程语言的基础上贡献并开发了儿童友好版本的不同原型。这项工作的发源地是麻省理工学院人工智能实验室，当时由西摩·佩珀特和马文·明斯基（Marvin Minsky）共同指导。因此，一些人认为LISP是人工智能的首选编程语言也就不足为奇了。到了1969年，麻省理工学院的LOGO小组成立，佩珀特担任组长。随着新版本LOGO的

① LISP（LISt Processor）：现在拼写为Lisp，诞生于1958年，是早期高级程序语言之一，长期以来广泛应用于人工智能领域。——译者注

开发，研究人员去学校开展教学并观察教室里发生的事情。受到皮亚杰（Piaget, 1964）运用临床观察法研究儿童认知发展的启发，他们将自己的观察整理成几十份 LOGO 备忘录，后来由麻省理工学院发布。

所罗门回忆道："到 1970—1971 学年，我们有了一只地板龟和一只屏幕龟。"地板龟必须连接到一个终端，供儿童共用，而屏幕龟则允许四个不同终端的用户交替控制。那时，LOGO 作为第一种专门为儿童设计的编程语言，就已经包含了写故事的方式、用可编程对象（即乌龟）画画的方式、让可编程对象探索环境的方式，以及制作和播放音乐的方式。早在 1970 年，第一种面向儿童的编程语言就是创造性表达的工具，而不仅仅是解决问题的工具。

由于西摩·佩珀特也是数学家，他发现 LOGO 有着帮助儿童理解数学概念的潜力。他也意识到"屏幕龟"和"地板龟"这两种不同界面的价值。几十年后，通过乐高公司和麻省理工学院的合作，地板龟演化为乐高头脑风暴（LEGO® MINDSTORMS®）系列机器人。屏幕龟可以通过不同途径获得，有付费的也有免费的（如 Terrapin Logo、Turtle Logo、Kinderlogo）。几何图形和 LOGO 是绝配，儿童可以通过编程，让乌龟做他们想让它做的任何事。他们给乌龟下达移动的指令，然后乌龟就会拖着钢笔在地上画出一条轨迹。这样的绘图催生了"乌龟几何"（见图 1.1）。乌龟可以画各种大小的正方形、长方形和

图 1.1　使用 Terrapin Logo 创建的"乌龟几何"示例，程序如下：repeat 44 [fd 77 lt 17 repeat 17 [fd 66 rt 49]]。这个循环嵌套程序可翻译为："重复以下 44 次：[前进 77 左转 17，重复以下 17 次：[前进 66 右转 49]]"

圆形，这吸引着儿童探索角度的概念。通过编程，数学变得有趣而富有表现力。早在那时，西摩和他的团队就希望儿童学会编程，从而成为创造者。

“前进 60，右转 90。”这个过程需要重复多少次，才能画出一个正方形？如何将其用于绘制长方形？在探索这些疑问的过程中，儿童需要解决多个问题。然而，LOGO 让儿童将注意力放在创建漂亮的图形上，而不是计算角度上。儿童使用数学来完成自己的项目，并且学会把数学视为一种有用的、创造性的工具。

对于那些致力于将计算能力引入教育的早期研究人员来说，LOGO 的故事也是儿童将编程和自己的能力相结合、创作出自己感兴趣的事物的故事。他们提供的工具包含多种表达途径：绘画、讲故事、游戏和音乐。编程是为表达服务的。那时，研究人员不会仅仅将编程和 STEM 联系在一起。虽然这些学科提供了重要的技能和知识，但编程给小程序员们带来了更多：它提供了一种交流和表达的工具。

建构主义

早在 1990 年代末，当我还是一名博士生，在麻省理工学院媒体实验室和西摩·佩珀特一起工作时，我们开玩笑说西摩怎么没有进入 LOGO 盒里。背景是，尽管我们将 LOGO 及其充分的表达潜力带到了学校，但很多教师还是倾向于使用传统的讲授式的教学方法。创造力和个人表达完全被忽略了。这个玩笑透露的愿望是，我们想让西摩进入 LOGO 盒，当我们需要说服教师让学生自由探索并创建自己选择的项目时，他就会跳出来，用他的个人魅力帮助我们。

我们花了很多时间尽可能与更多的教师分享他的理论、哲学和教学方法。西摩没有进入 LOGO 盒里，但他发展的建构主义框架出现在《头脑风暴：儿童、计算机和强大思想》（*Mindstorms: Children, Computers and Powerful Ideas*, Papert, 1980）一书中。这本精彩的著作总结了佩珀特让儿童通过编程成为更好的学习者和思考者的方法。LOGO 是经过精心设计的，使得较小的儿童也能创建对个人有意义的项目。然而，在教师不理解建构主义原则的课堂上，自上而下的课程和教学法会把 LOGO 变成一个完全不同的工具。虽然 LOGO 被设计成了游乐场，但它很容易变成游戏围栏。西摩选择“建构主义”（Constructionism）这个词来命名他的教育学和哲学方法，是对皮亚杰“建构主义”（Constructivism）的演绎（Ackermann, 2001; Papert & Harel, 1991）。西摩曾在瑞士与皮亚杰一起工作，很多事情让他意识到了“做中学”的重要性。

皮亚杰的理论阐释了知识是如何通过顺应和同化的过程在我们的大脑中建构的，而佩珀特尤其关注现实世界中那些丰富的“计算对象”（computational objects）是如何在大脑中建构的。佩珀特的建构主义认为，当计算机用于创建人们真正在意的项目时，它是一种强大的教育技术。编程是发挥创造力的载体，无论在屏幕上还是在现实世界中，正如在LOGO的两个乌龟界面上显示的早期作品那样。佩珀特的建构主义还认为，当儿童能够以游戏的方式制作、创造、编程和设计他们自己的“思考对象”时，独立学习和探索的效果是最好的（Bers, 2008）。“计算对象”不仅可以帮助我们思考计算思维的那些强大思想，如排序、抽象和模块化，还为我们提供了跟自己对话的机会。因此，编程既是新思维形式的载体，也是思维结果的表达工具。第七章和第八章将着眼于此，并探索编程所揭示的计算机科学的强大思想。

建构主义是我的思想家园，这本书也源于此。我将其应用到儿童早期教育中，并扩展为我自己的理论框架，称为“正向技术发展”[1]。第十章将对此进行详细阐述。

西摩·佩珀特拒绝给建构主义下定义。1991年，他写道：“通过定义来传达建构主义的思想是特别矛盾的，因为毕竟，建构主义归结起来，就是要求一切都要通过建构的过程来理解”（Papert & Harel, 1991）。尊重他的意愿，我过去的著作一直避免给出定义（如Bers, 2017）；不过，我提出了建构主义的四个基本原则，可以很好地服务于儿童早期教育（Bers, 2008）：

1. 通过设计对个人有意义的项目并在共同体中分享来实现学习；
2. 使用具体的对象进行建构和探索世界；
3. 从正在学习的领域中发现计算机科学的强大思想；
4. 将自我反思作为学习过程的一部分。

① 英文为Positive Technological Development（简称PTD），也译作“积极技术发展”。——译者注

这些原则与儿童早期教育中关于“做中学”和“项目式学习”有效性的共识是一致的（Diffily & Sassman, 2002; Krajcik & Blumenfeld, 2006）。西摩的建构主义对其进行了扩展，使儿童“在设计中学习”和“在编程中学习”。从建构主义者的角度来看，从积木到机器人是学习机会的连续体（Bers, 2008）。例如，积木可以帮助儿童探索大小和形状，而机器人可以帮助儿童探索传感器等数字化概念。如今，从饮水机到电梯门，我们周围的大多数“智能对象”都涉及这些数字化概念。儿童早期课程应该关注儿童在真实世界中的经验，而这样的智能对象正在我们的世界中变得越来越多。

当儿童借助工具来了解这些智能对象，包括制作它们、修理它们或通过教育机器人与它们做游戏时，他们不仅是自己项目的生产者，还在探索编程和工程等学科的知识以及知识的本质。他们会“思考自己的想法”（think about thinking）。他们会像对知识的本质深感兴趣的皮亚杰一样，也会像把麻省理工学院媒体实验室的研究小组命名为“认识论与学习”的佩珀特一样，成为一名认识论者。

纪念西摩

西摩·佩珀特是一位南非数学家，曾在日内瓦与皮亚杰共事，后来搬到波士顿，成为麻省理工学院人工智能实验室的联合负责人。他是麻省理工学院媒体实验室的创始人之一。在他于 2016 年 7 月去世后，斯塔格（Stager, 2016）在《自然》杂志上为他写了一篇优美的讣告：“鲜有像佩珀特这样有声望的学者，能在真正的学校里工作那么长时间。他喜欢孩子们的想法、才智和顽皮。与孩子们一起探索或编程，是他错过许多会面的原因。”我为那些错过的会面感到沮丧，我是一个渴望理解许多问题的学生。

西摩喜欢提问，但他没有足够的时间来解决所有的问题。我见到他时，他已经是一位非常显赫的人物，并且经常出差。因此，送他去机场是一个绝佳而难得的机会，能拥有他全部的注意力。他经常出差，所以这样的会面变得频繁起来。我记得在等飞机时，我们会在出租车后座或机场的咖啡店里讨论我的问题。我还记得有一次因为他的航班要起飞，我们不得不中断了一场发人深省的讨论。

西摩是个有想法的人。我相信，他爱上计算机编程是因为它有着在个人和社会层面实现新想法的潜力。想法可以改变世界，而西摩想改变世界。然而，为了使抽象的想法具体化，我们需要一种表达它们的方式。西摩明白，编程语言可以作为表达的工具。下一章将探讨这个概念。

参考文献

Ackermann, E. (2001). Piaget's Constructivism, Papert's Constructionism: What's the difference? *Future of Learning Group Publication*, *5*(3), 438.

Bers, M. U. (2008). *Blocks to robots: Learning with technology in the early childhood classroom*. New York, NY: Teachers College Press.

Bers, M. U. (2017). The Seymour test: Powerful ideas in early childhood education. *International Journal of Child-Computer Interaction, 14*, 10–14.

Diffily, D. & Sassman, C. (2002). *Project based learning with young children*. Westport, CT: Heinemann, Greenwood Publishing Group, Inc.

Hafner, K. & Lyon, M. (1996). *Where wizards stay up late: The origins of the Internet* (1st Touchstone ed.). New York, NY: Simon and Schuster.

Krajcik, J. S. & Blumenfeld, P. (2006). Project based learning. In R. K. Sawyer (Ed.), *Cambridge handbook of the learning sciences* (pp. 317–333). New York, NY: Cambridge University Press.

Papert, S. (1980). *Mindstorms: Children, computers and powerful ideas*. New York, NY: Basic Books.

Papert, S. & Harel, I. (1991). Situating constructionism. *Constructionism*, *36*(2), 1–11.

Piaget, J. (1964). Cognitive development in children: Piaget, development and learning. *Journal of Research in Science Teaching*, *2*(3), 176–186.

Stager, G. S. (2016). Seymour Papert (1928–2016). *Nature*, *537*(7620), 308.

第二章 编程语言是表达工具

娜奥米是一名一年级学生，她在努力完成自己的课堂项目：讲一个关于学校假期的故事。老师允许学生使用任何媒介来讲述他们的故事。其他学生使用的是画图、泥塑和录音，而娜奥米选择使用 ScratchJr 讲述自己的故事。假期里，她们家迎来了一个新生儿，她很兴奋能与同学们分享发生的事情。她编好了故事的第一页，展示祖母和她一起去医院的情景。这两个角色都是她自己画的，她还拍了自己的脸部照片放上去，以确保她的“娜奥米”角色看起来很逼真。当娜奥米开始创作第二页时，她皱起了眉头。“梅拉妮，”她转向同桌，“我想让宝宝藏起来，直到我走进房间。我该怎么做呢？”梅拉妮之前使用 ScratchJr 完成过课堂项目，她指向紫色的积木，娜奥米仔细阅读每个图标，直到找到自己想要的——一块人物轮廓隐形的积木，它可以让角色“隐藏”。她告诉朋友：“谢谢！现在就跟当时一样了。当我走进房间时，宝宝乔纳斯被藏起来了，直到我妈妈把他抱给我看！”她不停地尝试隐藏和显示积木，让宝宝在正确的时间藏起来。在正式分享之前，她在第一页添加了一块“切换至页面”积木，以便故事从一个事件顺畅地过渡到下一个事件。

在上述情景片段中，娜奥米使用 ScratchJr“写”程序来表达自己。娜奥米会用英语书写，但是，这个故事使用的不是英语，而是另一种语言：编程语言。像自然语言一样，编程语言（比如 ScratchJr）包含符号系统和组织语言的方法（即语法），可以用来表达想法。自然语言让我们可以直接与他人或“智能界面”交流，而编程语言则用于与计算机交流，计算机理解我们的指令，并输出我们想要表达的内容。编程语言的选择有可能增强或阻碍我们的表达，某些语言可能更适合某些任务而非其他的。同时，我们对自己所选语言掌握的流利程度也起到重要作用。我能用四种语言写作，但是，我会根据我想要完成的交际功能来选择语言。我在阿根廷出生和长大，所以西班牙语是我的母语，也是我最熟悉的语言。当然，我也能用英语写作；在去美国读研究生之前，英语是我的第二语言，也是我写作的首选语言。我还能用法语和希伯来语写作；我小时候曾在科特迪瓦和以色列生活过，学过这些语言，但写得并不流利，因为我没有继续学习和使用这些技能。尽管我有自己偏好的语言，但是多年来我已经发展出了独立于任何书面语言的文本读写能力。我可以使用这四种语言中任何一种语言的书写系统，将口语翻译成其他人可以阅读的符号。我理解符号表征的概念和读写的基本原则。每种语言都有自己的句法和语法，但由于我了解书写的基本原则，所以我可以在用新语言写作时应用这些原则。流利写作的能力也影响了我的思维方式。我能用线性和顺序的方式思考。最重要的是，我可以运用这些知识来讲述自己的故事。

我可以写不同形式的文本。我可以写一封家书，一份资助申请，或者一封感谢信。我可能会选择西班牙语来完成第一项任务，用英语来完成第二和第三项任务。每种语言都有其独一无二的特质，我相信这些特质有助于我与他人或与自己交流。我的丈夫也来自阿根廷，因此西班牙语是我们的共同语言；我申请资助的机构是美国的；我在日常生活中主要使用英语，所以我大部分的感谢信都是用英语写的。在这些创造性的任务中，我成为新内容的生产者。我使用的自然语言支持我的这些创造性任务，但它也可以用于非创造性的任务。小时候，在学习拼写时，我被要求把同一个单词抄写 100 遍。我的老师认为这是培养所需技能的必要步骤。如果她读过布鲁纳的书，她会意识到在使用语言的同时去学习语言是可能的（Bruner, 1983），她会选择更多的表达性活动让我们建立和加强语言技能。创造力的发挥程度取决于语言使用者的意图。自然语言只是表达的一种载体和媒介。

编程语言也是表达工具。我可以用它们做或枯燥或有创意的事情。我可以选择 ScratchJr、LOGO 或 Java。当我还是研究生的时候，我曾经会用 LISP 编写程序，但是现在已经忘记了，因为我已经很多年没有使用它了。每种编程语言都有自己的语法，有些更适合特定的任务。如果我想制作一个动画，我会使用 ScratchJr。如果我想编写一个推荐系统，比如网飞（Netflix）或亚马逊（Amazon）用的那种，我会使用 Java。如果我想用几何图形画一幅漂亮的画，我会用 LOGO。这些年来，我已经获得了一定程度的计算素养（即计算读写能力）。我不是专业的程序员，我无法以软件工程师的身份谋生，但我可以流利地使用这些语言，用它们来表达和交流。

语言是名词，不是动词，它们不表达动作；写作和编程则都是动词，有一个执行动作的主语，有意向性和选择性。与自然的书面语言一样，编程语言也有句法和语法，它们是可靠的信息存储和传输形式，涉及解码、编码、读取和写入。就像自然的书面语言一样，编程语言也是人工的，需要教授。在学习过程中，人们会发展出新的思维方式。

写作和编程的过程都会产生可以与他人分享的最终产品。写作和编程有很强的相似性：两者都包含理解和生成；两者的使用者既可以是新手，也可以是专家；两者都涉及工具和语言的使用；两者都能充分满足表达和交流的需要。无论是文本的还是计算的读写能力，都源于知道如何使用语言。一旦我们知道了如何使用语言，我们就可以以各种不同的方式应用我们的知识。创建很多项目能让我们快速学会新的语言。这需要付出大量时间和努力才能实现，虽并不轻松，却可能充满乐趣。

适合年幼儿童的表达工具

以年幼儿童的发展需求和能力来说，需要专门为他们设计编程语言。本书的第四部分将对此展开说明。适合年幼儿童的编程语言必须简单，但仍然支持多种组合，有句法和语法结构，并提供多种解决问题的方法。它们应该是游乐场，而不是游戏围栏。它们需要为年幼儿童提供机会去创建可以与他人分享的程序作品，并支持他们从新手到专家不断提升计算素养。一名能流利使用一种编程语言的儿童，更有可能轻松地学习第二种编程语言。他可能已经掌握了计算思维的某些要素，并能将其迁移到不同的情境中。

在过去的几年里，一些专门为年幼儿童设计的编程语言和机器人系统已经面世。我参与了其中两种的设计：ScratchJr 和 KIBO。第十一章和第十二章将对它们进行深入描述；在整本书中，也会有一些段落描述年幼儿童在各种环境中使用它们的经历。下面的几个段落则描述了年幼儿童如何使用其他一些编程工具进行学习和游戏，并接触到计算思维和计算机科学的强大思想。

用黛西探索控制结构

肖恩在一年级的课堂上已经使用了恐龙黛西（Daisy the Dinosaur）几个星期，妈妈决定帮他在 iPad 里下载这个应用程序，好让他在家也能学习编程。恐龙黛西是一款免费的 iOS 应用程序，儿童可以运用编程让一只名为黛西的绿色小恐龙在屏幕上移动（Hopscotch Inc., 2016）。黛西有两种编程模式：结构化的挑战模式和自由游戏模式。像 ScratchJr 一样，黛西简单而有趣的图案对儿童很有吸引力。它的指令不多，可以让儿童很快进入编程。儿童可以让黛西完成简单的动作，如移动、旋转、跳跃和滚动，从而探索基础编程；也可以使用条件（When）和重复（Repeat）命令来探索进阶编程。恐龙黛西和 ScratchJr 的主要区别在于，ScratchJr 的积木是图形化的，不需要阅读任何文字；而恐龙黛西需要阅读积木上的简单单词，如“转动”（turn）和“缩小”（shrink）。

起初，肖恩的妈妈将应用程序设置为挑战模式。她想知道孩子能完成多少。肖恩已经在学校探索了其中的大部分“挑战”，所以他迅速通过了这些挑战，向妈妈展示他已经准备好迎接“自由游戏”模式。这样，他就可以随心所欲地对黛西进行编程了。他让黛西在屏幕上旋转、走动、变大和变小。因为这个应用程序需要一定的阅读能力，尤其是使用指令时，所以妈妈坐在他旁边，帮他回忆单词的意思。最后，妈妈让他自己编程。

大约 15 分钟后，令妈妈高兴的是，肖恩说他为妈妈设计了一个魔术。“我是魔术师，我可以让我的黛西变成一只超级大的恐龙！”他说道。“你要怎么做呢？”妈妈问。“只要我的手指轻轻一碰，然后念出咒语：阿布拉卡达拉！”肖恩轻拍黛西，她变得非常大。“看到了吗？”他自豪地说，炫耀着他编写的程序。“我刚刚学会了这个叫 When 的新积木，黛西只有在我轻拍她的时候才会变大，我们在学校没有学过这个。”这让妈妈非常惊讶于他的想象力，以及他的能力：他通过自由游戏和独自探索，就自然而然地掌握了一个新概念。

肖恩其实是在探索控制结构。他认识到，他可以根据 iPad 的状态来控制黛西何时或是否发生某事。这是计算机科学中的一种强大思想。他向妈妈展示，如何通过触摸黛西甚至摇晃 iPad 来启动程序。他还迫不及待地想告诉学校里的朋友们他学到的新积木！

用大黄蜂探索排序

苏西是一名 5 岁的学前班儿童，她很喜欢迷宫。每天在自选活动时间里，她都会在纸上画出迷宫让朋友解密，或是和朋友一起探索迷宫活动手册。周二早上，苏西的老师麦金农太太在晨圈时间（circle time）向孩子们透露了一个大惊喜：班上将迎来一个叫大黄蜂的机器人新朋友！它是一个形似大黄蜂的有着黄黑条纹的机器人。大黄蜂机器人（Bee-Bot）的背部有方向按键，可以输入多达 40 个指令，让机器人向前、向后、左转、右转。按下绿色的 Go（开始）按键，它就可以执行命令。麦金农太太向全班演示了大黄蜂机器人的操作方法。她告诉孩子们，在自选活动时间，她会带着他们一个一个地给大黄蜂机器人编程，让它沿着彩色地图上的路径移动。

那天晚些时候，在自选活动时间，苏西正在一个迷宫里愉快地涂鸦，这时麦金农太太叫她来玩大黄蜂机器人。苏西不情愿地放下她的画，和老师一起坐到地板上。麦金农太太给苏西看了大黄蜂背上的按键：向前、向后、左转、右转。她向苏西演示，要想让大黄蜂在地图上移动，应该如何按正确的顺序按下按键。接着，她按下 Go 按键将程序发送给大黄蜂。老师让苏西也试试看。

“看，这是一张学校地图，”麦金农太太一边说一边让苏西看着地板上一张大的方形地图，上面标有音乐教室、自助餐厅和图书馆等地方。“你为什么不试着给大黄蜂编程，让它去音乐教室呢？”苏西按了几次“向前”键，然后按了 Go。她看着机器人沿着地图前进。“哦，不！”苏西喊道，“为什么大黄蜂去了体育馆？”麦金农太太告诉苏西，应该先观察地图，然后给机器人编程，让它沿着路径走。“想象一下，这张地图是一个迷宫，大黄蜂需要到达音乐教室才能走出迷宫，”麦金农太太说，“大黄蜂需要转弯吗？什么时候转弯？思考一下指令应该怎么排序。”

突然间，编程的过程对苏西变得有意义了。她需要按下大黄蜂背部的按键，让它执行一系列有序的步骤到达音乐教室。她每次只向大黄蜂发送一条指令，而不是一个长而完整的程序。她没有办法记住所有的步骤，而且大黄蜂与 KIBO 不同，它无法让儿童查看发送给机器人的程序。在老师的帮助下，苏西尝试了几种办法来解决问题，例如将大的任务分解为简单的、可控制的单元，让大黄蜂一次只执行一两个步骤。最终，她把大黄蜂带进了音乐教室。“大黄蜂做到了！”苏西高兴得尖叫起来。这个色彩缤纷的机器人唤起了她走迷宫的兴趣。苏西把她的自选活动时间都花在了探索大黄蜂机器人随附的不同楼层的地图上。第二天，当老师再次邀请苏西玩大黄蜂机器人时，她谢绝了：“我已经走完了所有的迷宫。”于是，老师鼓励她自己设计大黄蜂迷宫，然后和朋友一起玩。

会画画的乌龟

辛迪是一名刚能够拼读和书写基本单词的学前班儿童。她没有太多使用电脑和键盘的经验，但值得高兴的是，今天她将和同学一起参观计算机实验室，而她喜欢在计算机课上玩游戏。在计算机实验室，老师桑托斯女士告诉他们今天将学习如何编程。“一个程序是一个指令列表，它可以让某些事情在屏幕上发生。”她说。桑托斯女士向他们展示了如何使用 Kinderlogo 进行编程。这个版本的 LOGO 允许儿童通过使用字母命令而不是完整的单词让电脑屏幕上的乌龟移动，从而自由地探索编程。与更复杂的编程语言（包括其他版本的 LOGO）不同，Kinderlogo 让像辛迪这样的“阅读起步者”也能轻松学会。不需要拼写和键入复杂的长命令，如 forward（向前）、right（向右）、left（向左）等，通过简单的按键就可以移动乌龟。例如，桑托斯女士向孩子们展示，他们可以按 F 键让乌龟前进，按 R 键让它向右转，按 L 键让它向左转。当乌龟在屏幕上四处移动时，它能画出线条，就像身上连着一支笔。孩子们很高兴地看到，对乌龟编程可以绘制图形！

老师让孩子们给自己的乌龟编程，从而在屏幕上画出自己最喜欢的图形。辛迪记得按 F 键让乌龟前进，按 R 键让乌龟右转，但她使用键盘的经验很少，也很难找到相应的字母键。为了给乌龟编程，她有很多问题需要解决：记住键盘上每个按键对应的乌龟动作，找出创建图形的正确按键顺序。与此同时，她只不过是一个还在学习字母表和打字的起步者。整个过程对辛迪来说很艰难，她很难找到键盘上除了 F 之外的任何键。

桑托斯女士看到辛迪的困惑，于是坐到她旁边，仔细了解她的问题。她很快意识到，辛迪能理解编程的概念和步骤，但在使用键盘上有困难。她把彩色的贴纸贴在F、L和R键上，这样辛迪就可以轻松找到它们。现在，辛迪可以专注于按正确的顺序对自己的程序进行排序来创建图形了。辛迪想画出她最喜欢的图形——正方形。她先画出一条直线，然后重复添加新的直线。她还尝试使用不同的转向指令，直到做对为止。她经常不得不停下来，更改和修复不起作用的程序。有两次，她甚至决定重新开始制作一个全新的正方形。计算机课结束时，她的屏幕上终于呈现出了正方形。“快看！桑托斯女士！你看！我通过编程让乌龟画了一个正方形！”辛迪自豪地笑着。桑托斯女士帮她把程序和正方形保存并截图，这样她就可以打印出来带回家。桑托斯女士把打印出来的东西递给辛迪时，赞扬了她今天在课堂上的努力，并提醒她一定要给父母看自己的程序，而不仅仅是最后画出的正方形。辛迪点点头，说她已经为下次使用Kinderlogo制订了计划。“下次，我要试着给乌龟编程，让它画出我的全名。”桑托斯女士微笑着，鼓励辛迪找出隐藏在她名字每个字母里的不同图形。

“基因”编程

6岁的卡尔文正在参加一个夏令营，它是塔夫茨大学技术与儿童发展研究小组的博士研究生阿曼达·斯特劳哈克的研究项目。该项目致力于引导儿童进入生物工程领域，将基因作为一种编程语言来设计生物的某些性状（Loparev et al., 2017; Strawhacker et al., 2018; Strawhacker et al., 2020）。就像我实验室的其他研究项目一样，这个项目也使用了一种简单的可编程语言让儿童编写和调试他们的程序（Strawhacker et al., 2020）。这种工具叫CRISPEE，能够让儿童构建、测试和改变发光生物（如萤火虫）的“基因”程序（Verish et al., 2018）。使用CRISPEE，儿童可以编写“基因”程序，从而改变玩具动物身上LED灯的颜色（见图2.1）。

图 2.1　借助 CRISPEE 实物工具包，儿童可以探索通过“基因”编程来创造五颜六色的发光生物体，即上图中 CRISPEE 面板上的萤火虫。儿童可以用纯色木块打开彩灯，用有 × 标记的木块关闭彩灯，通过 CRISPEE 面板或交互式毛绒玩具看到编程后的灯光效果

卡尔文正在用 CRISPEE 给萤火虫编程，让它发出他最喜欢的蓝色。旁边的桌子上放着一本关于发光动物的图画书，打开的一页是关于蓝色水晶水母的。“阿曼达！”他喊道，“我要发明水晶萤火虫！”他选择了表示“发出蓝光”的“基因”木块，然后选择了关闭蓝光和绿光的木块。他把程序放进 CRISPEE，按下按钮，测试他的程序。卡尔文皱着眉头说：“CRISPEE 被我的程序搞糊涂了。”他指着 CRISPEE 面板上没有发光的木质萤火虫。阿曼达请他解释一下自己的程序。

我想让它变得很蓝，这样我就可以制作一个看起来像水晶水母的萤火虫，就像书里的那样。所以我用了蓝色的开和蓝色的关，哦，等等，我知道了！刚才我让它打开蓝光并关闭蓝光。但它不能同时做这两件事！

阿曼达看着卡尔文用一个红色的“关闭”木块代替了蓝色“关闭”木块，然后测试自己的程序。当他的萤火虫发出蓝光时，他将拳头举到空中，兴奋不已。卡尔文整个上午都在向他的朋友展示他是如何制作蓝色萤火虫的，还画了一张“水晶萤火虫”的画，放到自己的 CRISPEE 设计日志中。

肖恩、苏西、辛迪和卡尔文通过使用不同的编程工具以及创建不同的项目，找到了表达自己的方法，并将抽象的想法具体化。在这个过程中，他们还运用了计算思维，探索了计算思维的强大思想。这些强大思想将在第八章中得到进一步探讨。然而，尽管使用的编程语言、创建的项目和探索的强大思想存在差异，但他们有一个共同点：他们都在以一种游戏性的方式进行编程。下一章将探讨游戏在儿童早期编程中的作用。

参考文献

Bruner, J. S. (1983). *Child's talk: Learning to use language*. New York, NY: W. W. Norton & Company.

Hopscotch Inc. (2016). Daisy the Dinosaur (version 2.2.0) [Mobile application software].

Loparev, A., Sullivan, A., Verish, C., Westendorf, L., Davis, J., Flemings, M., Bers, M. U. & Shaer, O. (2017, June). BacToMars: Creative engagement with bio-design for children. In *Proceedings of the 2017 Conference on Interaction Design and Children* (pp. 623–628).

Strawhacker, A., Sullivan, A., Verish, C., Bers, M. U. & Shaer, O. (2018). Enhancing children's interest and knowledge in bioengineering through an interactive videogame. *Journal of Information Technology Education: Innovations in Practice*, *17*, 55–81.

Strawhacker, A., Verish, C., Shaer, O. & Bers, M. U. (2020). Young Children's Learning of Bioengineering with CRISPEE: A Developmentally Appropriate Tangible User Interface. *Journal of Science Education and Technology*, *29*, 319–339.

Verish, C., Strawhacker, A., Bers, M. & Shaer, O. (2018, March). CRISPEE: A tangible gene editing platform for early childhood. In *Proceedings of the Twelfth International Conference on Tangible, Embedded, and Embodied Interaction* (pp. 101–107).

第三章 游乐场式编程

如果以游戏性的方式教授编程，编程就可以变成游戏。关于儿童早期的研究表明，游戏是儿童学习的最佳方式（Fromberg, 1990; Fromberg & Gullo, 1992; Garvey, 1977）。游戏被描述为年幼儿童想象力、智力、语言、社会能力和知觉运动能力发展的载体（Frost, 1992）。我主张，在将计算机科学和计算思维引入儿童早期教育时，方法必须是游戏性的。编程语言可以，而且必须成为游乐场。

尽管学术界对游戏有许多定义（如 Csikszentmihalyi, 1981; Scarlett et al., 2005; Sutton-Smith, 2009），但并非成为学者才能认识游戏。游戏是指孩子们玩得很开心，沉浸在一项活动中，运用自己的想象力，内在的动机被激发。他们不想停止正在做的事情。我们这些用游乐场方法教儿童编程的人，见证了他们是如此想要继续努力完成自己的项目，即使是在该停下来吃点心的时候。当儿童游戏时，他们是在“做中学”。

游戏能促进语言能力、社会能力、创造力、想象力和思维能力的发展（Fromberg & Gullo, 1992）。弗罗姆伯格（Fromberg，1990）提出，游戏是“人类经验的终极整合者”。当儿童游戏时，他们会利用自己过去的经验，包括他们自己做过的事情、看到别人做过的事情、读过的东西、在电视上或通过其他媒体看到的东西，将这些经验融入自己的游戏和情境中，并表达、交流他们的恐惧和感受。观察儿童的游戏，可以让我们更好地理解他们。

编程项目也可以整合儿童的学习经验。5 岁的玛丽用 ScratchJr 制作了一个描绘青蛙生命周期的动画。斯蒂芬妮，一个刚学会写字的 6 岁女孩，做了一个游戏来教年幼的儿童学习字母。6 岁的泽维尔正在学习栖息地的知识，他把 KIBO 变成了一只躲避光线的蝙蝠。5 岁的克莱尔让她的 KIBO 机器人按照颜色模式开关灯。在这些例子中，儿童把他们以前的知识整合到编程中，包括数学、科学、读写、生物学、计算机科学和机器人。

儿童也在创建可以与他人分享的项目。耐心的教师通过观察这些项目的创建过程，也可以了解很多东西。儿童的学习不仅仅体现在最终的程序作品中。大部分的学习都发生在“做”的过程中。教学的艺术在于认识这个过程，命名它的不同步骤，解决这个过程中遇到的挑战，并提供所需的支架。

当我们用游戏性的方式教授编程时，儿童就不会害怕犯错误。毕竟，游戏就是游戏。有时我们会赢，有时我们会输，有些游戏则没有赢家和输家。例如，在假装游戏中，任何事情都会发生。一个盒子可以变成一座城堡，一根棍子可以变成一把剑。儿童可以是超级英雄，也可以是怪物。假装游戏可以增强儿童的认知灵活性，并最终提高其创造力（Russ, 2004; Singer & Singer, 2005）。

创造力研究专家齐克森特米哈伊（Csikszentmihalyi，1981）将游戏描述为“生活的一个子集……一种约定，即人们可以练习行为而不必担心后果”。使用游乐场方法学习编程提供了类似的机会。它看起来不同于传统的计算机科学课程，后者需要学生在时间压力下解决挑战，或找到回答问题的正确方法。我在本书中主张的游乐场方法，包容试错产生的所有后果：每件事情都是一次学习的经历。

游戏理论

经典的儿童发展理论对游戏进行了探讨。皮亚杰观察到 3 个主要阶段：①婴儿早期到婴儿后期，非象征性的练习游戏；②童年早期，假装游戏和象征性游戏；③童年后期，规则游戏（Piaget，1962）。皮亚杰的发展阶段理论是基于结构的变化，而不是内容的变化，并体现了儿童符号思维的发展变化（Scarlett et al., 2005）。面向年幼儿童的编程语言虽然引入了语法和句法规则，但依然支持假装游戏的开放性。

传统的皮亚杰理论认为，游戏本身并不一定会导致新认知结构的形成。游戏只是娱乐，虽然可以让儿童练习之前学过的东西，但不一定会让他们学到新的东西。按照皮亚杰的观点，游戏可以“反映符号发展的过程，但对其贡献不大”（Johnsen & Christie, 1986）。其他理论家，如维果茨基，则有不同的观点。

他认为游戏有助于认知发展（Vygotsky, 1966），假装游戏可以促进符号思维和自我调节的发展（Berk & Meyers, 2013; Vygotsky, 1966, 1978）。

我不是研究游戏的专家，但在观察儿童用游乐场方法进行编程数十年后，我可以举出数以百计的例子，其中的儿童通过玩嵌入不同指令的积木来学习新东西。我曾看到儿童在 ScratchJr 中学习到，一个角色要旋转 12 次才能完整地转一圈，其方法是不断添加新的积木，看看会发生什么。此外，我还曾看到他们在屏幕上四处点击，无意中发现可以在程序中添加新的页面，由此学会了使用应用程序讲述一个包含多个部分的故事。根据我的观察，在儿童问完"这块积木是做什么的"这个问题之前，他们已经把它添加到自己的程序中，自己去探索。

有时，儿童会在 ScratchJr 中偶然发现一个新命令并自行尝试。探索简单概念（如与动作指令相关的概念）时，通常就是这种情况。其他时候则是由教师或同伴介绍新概念，通过这种方式学习到的往往是复杂的概念。例如，在 ScratchJr 中，一个复杂的概念是"发送消息"。"发送消息"积木允许角色交互，一个角色只有在接到另一个角色发送的"消息"时才会执行该操作（见图 3.1）。为了帮助儿童理解这个抽象的概念，我观察到教师使用了跟儿童经验有关的类

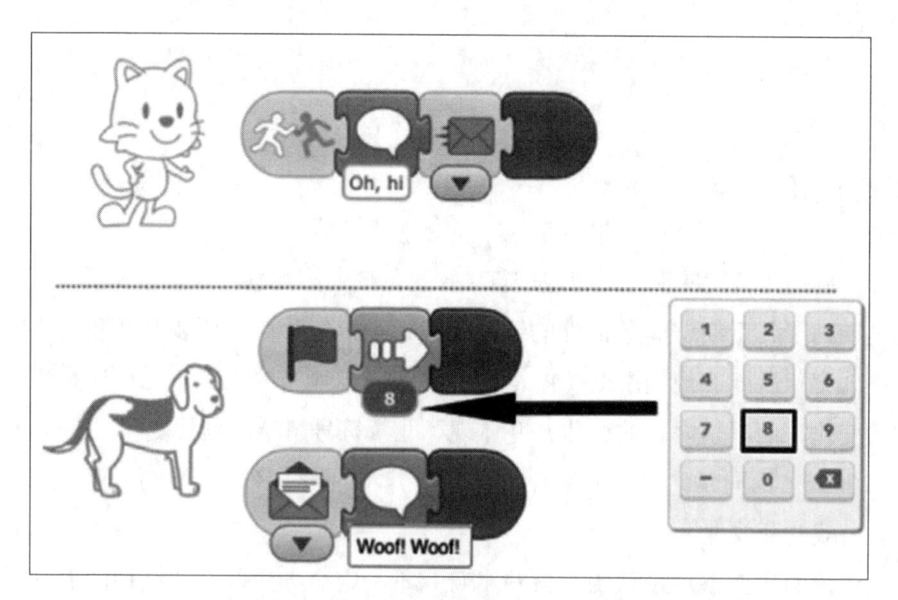

图 3.1 上图展示了如何使用 ScratchJr 的"发送消息"积木让两个角色移动并进行对话。在这个例子中，小猫和小狗互相交谈。当小狗向小猫走（8 步）并碰到它时，小猫说了声"哦，嗨"，并发送橙色的信封（即"消息"）。接下来，小狗收到"消息"并回答："汪！汪！"结果就是两个角色之间完美的对话

比："如果你给朋友寄了一封信，当朋友收到信时，他们怎么才能知道里面写了什么？他们会怎么做？"他们会打开信封，这就建立了他们的沟通渠道。ScratchJr 的"发送消息"也是如此，当儿童使用这种积木让他们的角色进行对话和游戏时，他们可以想象自己在向朋友发送信件。

我也曾看到儿童沉浸在富有想象力的游戏和故事中。他们扮演动物和宇航员的角色，并使用 ScratchJr 的"绘图编辑器"插入自己的照片。他们在自己的故事中既是演员又是导演。我也见过儿童装扮他们的 KIBO 机器人，让自己沉浸在一个想象的世界里，就像玩洋娃娃或毛绒玩具一样。但与玩偶不同的是，儿童能够对 KIBO 进行编程，让它们用动作和声音来回应自己。

当儿童获得自由的空间、以游戏的方式探索新事物时，我看到了显著的学习成效。我对来自美国各地的 200 多名学前班至二年级学生和 6 名教育工作者进行了一项研究。我们要求教师们以他们喜欢的任何方式开展 ScratchJr 课程。然后，我们要求他们使用标准化编程评价工具 Solve-Its 对学生进行测试（Strawhacker & Bers, 2015; Strawhacker, Lee & Bers, 2018）。该测试评价的是儿童基本的计算思维能力，如调试和逆向工程。教师们还参与了一项关于教学风格的调查。研究发现，"正式权威"风格的教师，其特点是关注正确的、可接受的和标准的做事方式，其学生在 Solve-Its 编程测试中几乎每道题的得分都较低。相比之下，表现出"个人示范"风格的教师，其学生得分最高，这些教师亲身示范，强调动手做和游戏性的学习方式（Strawhacker, Lee & Bers, 2018）。

同样，我与我的博士生马杜·戈文德和埃米莉·雷尔金一起进行了一项研究，调查了 100 多名儿童及其家长在参与 ScratchJr 和 KIBO 活动时的互动和角色动力过程。这项研究是"家庭编程日"项目的一部分。在该项目中，社区免费使用我的技术与儿童发展研究小组设计的方案，举办了一场家庭协作编程活动（Govind, 2019）。在为期一天的工作坊中，我们在非正式的、几代人一起参加的情况下教他们编程，并请每个家庭合作完成一个开放式的项目。结果表明，家庭编程日显著提高了儿童和家长对编程的兴趣。父母扮演教练的角色，鼓励儿童提出关于项目的想法并主导游戏性、有创意的编程体验，父母则跟随儿童的领导，这样的家庭是最成功的。无论父母是何专业背景（理工科还是非理工科）或使用哪种工具（ScratchJr 还是 KIBO），只要父母能够恰当地提出问题、提供建议和给予鼓励，而不是进行主导，他们都能与儿童实现成功的合作（Govind,

2019; Govind & Bers, 2019）。

这个发现与之前的研究一致，即具有主动游戏成分的项目更能成功地激发儿童的执行功能或自我调节能力（Shaheen, 2014）。我曾观察到一些很好的例子，当儿童有机会以游乐场的方式使用工具编程时，这种数字化的游戏促进了他们高阶思维技能的发展。美国儿科学会（American Academy of Pediatrics，2016）发布的一份声明指出：

> 对于学业成功至关重要的高阶思维技能和执行功能，如坚持完成任务、控制冲动、调节情绪和创造性地、灵活地思考，最好通过非结构化的和社会性（而非数字化）的游戏，以及回应式的亲子互动来教授。

然而，这种立场忽略的是，任何类型的游戏（无论数字化与否）都可以促进非结构化的、社会性和游戏性的互动。

身体的作用

使用屏幕的编程环境，例如 ScratchJr，开展身体游戏的可能性较为有限。然而，研究表明，通过身体活动进行学习或“动作学习”（motor learning）能够取得更好的成效（Dennison & Dennison, 1986）。西摩·佩珀特在他的《头脑风暴》一书中提到，Turtle Logo 能够让儿童运用自己的身体探索几何，他称之为“共鸣学习”（syntonic learning）（Papert, 1980）。

认知科学家使用“具身认知”（embodied cognition）一词来描述一个有机体的身体、运动和感觉能力如何决定它怎样思考和思考什么。例如，莱考夫和约翰逊（Lakoff & Johnson，1980）关于隐喻的研究表明，之所以人类可以理解包括空间方位（如上、下、前和后）在内的基本概念，是因为他们可以直接用自己的身体体验这些概念。

新的实物界面和智能对象的涌现为编程提供了新的机会，“身体”重新回到了学习体验中。此外，它们还可以让儿童参与运动游戏，从而促进神经和肌肉协调，支持大肌肉运动技能的发展，促进儿童的健康成长（Byers & Walker, 1995）。

在一个学前班教室里，孩子们躺在地板上，旁边是一长串 KIBO 积木块（见图 3.2）。在机器人时间（robotics time），这些 5 岁的孩子自发地决定建造最长的 KIBO 积木串。然后，他们一个接一个地躺在积木旁边，看谁更高。他们数了詹姆斯有多少个积木块，玛丽有多少个积木块，谢娜又有多少个积木块，等等。一开始只是一个好玩的游戏，后来被一位有经验的老师变成了探索不同形式的测量和计数的机会。这就是游戏的魅力：它会打开通往有着各种意义且引人入胜的体验的大门。

图 3.2　孩子们玩 KIBO 积木并测量自己的身高

像 KIBO 这样的工具，其设计目的是通过参与全方位的身体游戏发展精细和粗大动作技能，将游乐场带入编程活动中。例如，我们常常看到儿童和他们的 KIBO 一起跳舞，在机器人游行中与它们并肩而行，或穿过他们为 KIBO 设定的迷宫。此外，因为儿童大多是在地板上测试他们的 KIBO（它们从桌子上掉下来的风险太大了），所以他们要不断地站起、蹲下，跑来跑去拿不同的机器人零件，中途停下来和朋友聊天。

当儿童与他人一起编程时，他们不仅参与到协作和团队合作中，还参与到社会性游戏中。这涉及社会协调能力和社会性脚本的发展，对谈判、解决问题、分享和在群体内工作都是必要的（Erickson, 1985; McElwain & Volling, 2005; Pellegrini & Smith, 1998）。正如我们在本书后面将看到的，游戏性的编程方法会利用社会性游戏，如“西蒙说”（Simon Says）[①]，来教儿童编程语言的句法。

总而言之，游乐场式的编程方法可以在计算机科学和计算思维的教学中发挥作用。如果我们相信游戏对儿童发展的重要作用，那么我们必须将我们所知道的关于游戏的一切带到编程课上。早期教育的最佳方法也适用于学习排序和算法。编程体验应该更像是游戏而不是挑战，或者更像是创编故事而不是解决问题。这种游戏性的方法可以为那些排斥以融入传统 STEM 学科的方式教编程的人打开新的大门。例如，这种动手做、游戏性、创造性的方法有助于吸引在工程和计算机科学领域被长期忽视的女性和少数族裔（Wittemyer et al., 2014）。我们希望所有人都更容易理解计算机科学和计算思维，并为此做出我们的贡献。在儿童早期，我们珍视游戏的诸多益处。当游戏被排挤出儿童早期教室的时候，编程可以把它带回来。

参考文献

American Academy of Pediatrics. (2016). Media and young minds. *Pediatrics*, *138*(5), 2016–2591.

Berk, L. E. & Meyers, A. B. (2013). The role of make-believe play in the development of executive function: Status of research and future directions. *American*

① 西蒙说是一个适合三人以上玩的游戏。一人扮演“西蒙”的角色并向其他人发出指令（通常是身体动作，例如“跳到空中”或“伸出你的舌头”），以“西蒙说”开头的才是需要执行的真指令。其他玩家要区分真假指令，否则就会被淘汰出局。——译者注

Journal of Play, *6*(1), 98–110.

Byers, J. A. & Walker, C. (1995). Refining the motor training hypothesis for the evolution of play. *American Naturalist*, *146*(1), 25–40.

Csikszentmihalyi, M. (1981). Some paradoxes in the definition of play. In A. T. Cheska (Ed.), *Play as context* (pp. 14–26). West Point, NY: Leisure Press.

Dennison, P. E. & Dennison, G. E. (1986). *Brain gym: Simple activities for whole brain learning*. Glendale, CA: Edu-Kinesthetics, Inc.

Erickson, R. J. (1985). Play contributes to the full emotional development of the child. *Education*, *105*, 261–263.

Fromberg, D. P. (1990). Play issues in early childhood education. In C. Seefeldt (Ed.), *Continuing issues in early childhood education* (pp. 223–243). Columbus, OH: Merrill.

Fromberg, D. P. & Gullo, D. F. (1992). Perspectives on children. In L. R. Williams & D. P. Fromberg (Eds.), *Encyclopedia of early childhood education* (pp. 191–194). New York, NY: Garland Publishing, Inc.

Frost, J. L. (1992). *Play and playscapes*. Albany, NY: Delmar, G.

Garvey, C. (1977). *Play*. Cambridge, MA: Harvard University Press.

Govind, M. (2019). Families that code together learn together: Exploring family-oriented programming in early childhood with ScratchJr and KIBO Robotics (Master's thesis).Tufts University, Medford, MA.

Govind, M. & Bers, M. U. (2019). Parents don't need to be coding experts, just willing to learn with their children. (Blog post).

Johnsen, E. P. & Christie, J. F. (1986). Pretend play and logical operations. In K. Blanchard (Ed.), *The many faces of play* (pp. 50–58). Champaign, IL: Human Kinetics.

Lakoff, G. & Johnson, M. (1980). *Metaphors we live by Chicago*. Chicago, IL: Chicago University.

McElwain, E. L. & Volling, B. L. (2005). Preschool children's interactions with friends and older siblings: Relationship specificity and joint contributions to problem behaviors. *Journal of Family Psychology*, *19*(4), 486–496.

Papert, S. (1980). *Mindstorms: Children, computers, and powerful ideas*. New

York, NY: Basic Books, Inc.

Pellegrini, A. & Smith, P. (1998). Physical activity play: The nature and function of a neglected aspect of play. *Child Development*, *69*(3), 577–598.

Piaget, J. (1962). *Play, dreams, and imitation in childhood*. New York, NY: W. W. Norton & Co.

Russ, S. W. (2004). *Play in child development and psychotherapy*. Mahwah, NJ: Earlbaum.

Scarlett, W. G., Naudeau, S., Ponte, I. & Salonius-Pasternak, D. (2005). *Children's play*. Thousand Oaks, CA: Sage.

Shaheen, S. (2014). How child's play impacts executive function—Related behaviors. *Applied Neuropsychology: Child*, *3*(3), 182–187.

Singer, D. G. & Singer, J. L. (2005). *Imagination and play in the electronic age*. Cambridge, MA: Harvard University Press.

Strawhacker, A. L. & Bers, M. U. (2015). "I want my robot to look for food" : Comparing children's programming comprehension using tangible, graphical, and hybrid user interfaces. *International Journal of Technology and Design Education*, *25*(3), 293–319.

Strawhacker, A. L., Lee, M. & Bers, M. (2018). Teaching tools, teacher's rules: Exploring the impact of teaching styles on young children's programming knowledge in ScratchJr. *International Journal of Technology and Design Education, 28*(2), 347–376.

Sutton-Smith, B. (2009). *The ambiguity of play*. Cambridge, MA: Harvard University Press.

Vygotsky, L. (1966). Play and its role in the mental development of the child. *Soviet Psychology*, *5*(3), 6–18.

Vygotsky, L. (1978). *Mind in society: The development of higher psychological processes*. Cambridge, MA: Harvard University Press.

Wittemyer, R., McAllister, B., Faulkner, S., McClard, A. & Gill, K. (2014). *MakeHers: Engaging girls and women in technology through making, creating, and inventing*. (Report No. 1).

第二部分

编程是读写能力

第四章 自然语言与人工语言

编程是一种新的素养。也就是说，在我们这个时代，编程跟社会高度重视的一系列知识和技能相关。虽然传统的素养与阅读和写作有关，但其他领域也获得了“素养地位”，如健康素养、文化素养、视觉素养等（如 Elkins, 2009; Hirsch, Kett & Trefil, 2002; Nutbeam, 2008）。大众素养的出现是一件改变世界的大事。素养不仅是一种“工具论”工具，更是一种重构我们认识世界方式的“认识论”工具。计算素养是否会成为 21 世纪的新素养呢？

安妮特·维（Annette Vee）在她的著作《编程素养：计算机编程如何改变写作》（*Coding Literacy: How Computer Programming is Changing Writing*）中写道，素养“被认为对一个国家的地位和财政健康非常重要”（Vee, 2017）。研究者将素养定义为：一种人类官能，具有符号化、基础性的技术，可以用于创造、交际和修辞等目的（Kramsch, 2006; Martin, 2006; Warnick, 2001）。文本素养使人们能够脱离即时的、人际的情境，在文本中使用自然语言来表达自己的想法（即写作），也能够解释他人产生的文本（即阅读）（Brandt, 2011; Kramsch, 2006; Vee, 2013）。编程是一种与计算素养相关的表达活动，同样涉及使用符号表征系统（即编程语言）来交流和表达想法（Weintrop & Wilensky, 2017）。

已有研究探索了自然语言和人工语言之间的异同，并出现了自然语言处理和计算语言学等跨学科研究（Allamanis et al., 2018）。回顾这些工作超出了本书的范围，重要的是要明确，自然语言和人工语言满足三个共同标准：它们是有意义的，产出性的，并允许置换的（Norman, 2017）。也就是说，自然语言和编程语言都是符号表征系统，具有语法和句法结构，可以用来传达意义，创造出前所未有的东西，交流置换了时间或空间的事物（Bers, 2019a）。

自 1960 年代初以来，计算机的倡导者们就主张，阅读和编写程序在许多方面都与文本读写相似（如 Perlis, 1962; Van Dyke, 1987）。计算素养和文本素养都使个体能够使用语言这一符号表征系统来思考和表达自己。对于我们自己是如何学习和使用书面语言的，我们了解多少呢？

了解学习并使用自然语言和人工语言的认知与神经基础至关重要。这不仅仅是智力挑战，也是设计全面有效的教育干预措施的先决条件。如果计算机编程是一项认知性的发明，就像阅读和写作一样（Wolf, 2018），那么像学习一门编程语言这样的新技能是如何融入现有技能中的呢？促进这一进程的机制是什么？它们是否与学习使用第二语言阅读和写作的方法相似？

了解计算机编程的认知基础，及其与自然语言的异同，是一项艰巨的工作。这需要更多的实证研究。在与麻省理工学院的认知神经科学家伊芙·费多伦科（Ev Fedorenko）及其团队的合作中，我们开始探索其中的一些问题（Fedorenko et al., 2019）。

认知科学家和神经科学家花了几十年的时间，投入了大量的资金，才逐渐形成了阅读机制的研究议程。如果将这一研究议程扩展到探索编程学习是怎么发生的，又会怎样呢？既然编程已获得"素养地位"，并开始在学校以必修的方式进行教学，那为什么要等到发现许多儿童落在了后面再去研究呢？研究儿童如何学习编程，对于课程决策至关重要。

文本素养领域的研究者非常清楚这一点，他们花费了大量时间和资源在"阅读战争"上，争论教人们阅读的最佳方法（自然拼读法、全语言法或平衡教学法）（Smith, 1969）。认知科学家、实验心理学家和心理语言学家对大脑如何学习阅读（Dehaene et al., 2010; Wolf, 2007）和写作（Bialystok, 1991; Puranik & Lonigan, 2011）进行的基础研究很丰富，并且基于这些研究产生了著名的理论之争，如"阅读战争"（Pearson, 2004）和写作中的"线性和统一假设"（Fox & Saracho, 1990; Tolchinsky, 2003），但对年幼儿童学习编程所涉及的认知机制则缺乏研究。一些研究探讨了专家和新手程序员之间的差异（Dalbey & Linn, 1985），还有一些研究使用了功能性磁共振成像（fMRI）等技术（Fakhoury, 2018; Floyd, Santander & Weimer, 2017; Peitek et al., 2018; Siegmund et al., 2014），以描述相关机制，并为这一新领域奠定理论基础。在我们的工作中，我们正在使用功能性磁共振成像进行探索性研究，以捕捉编程时大脑中发生的现象（Fedorenko et al., 2019; Ivanova et al., 2019）。虽然还不确定，但在我们的预研究中发现，在执行某些任务时语言系统会参与其中。对此还需要进行更多的研究。

长期以来，教育工作者对编程和其他认知技能之间的关系持有一些假设，这些假设使得世界各地的学校仅仅将计算机科学作为STEM课程的一部分（Bers, 2018，2019b）。但是，如果与编程相关的认知机制也与阅读和写作有关呢？这是否会影响我们的课程分类？是否会改变我们在课程开发和实施方面的指导方针和方法？

学习编程可能类似于学习一门语言（外语）的假设，最初是由西摩·佩珀特提出的。他发现计算机语言和自然语言之间有许多相似之处，并认为二者的学习与使用可能有着相似的认知机制（Papert, 1980）。从这个角度来看，将编程理解为一种读写能力，能够帮助我们找到同时提升文本素养与计算素养的教育方法。第五章和第六章将通过我多年来探索和研究的"编程作为另一种语言"（Coding as Another Language，CAL）的教学方法来探讨这一点。这种教学方法及其课程探索了编程语言和自然语言以及它们的交流和表达功能之间的相似之处。

研究表明，儿童运用语言并通过语言学会思考（Vygotsky, 1978）。因此，通过学习使用包含逻辑排序、抽象和问题解决的编程语言，儿童可以学习如何以分析的方式进行思考。维特根斯坦（Wittgenstein，2009）认为，我们能说的语言决定了我们所能拥有的思想。换句话说，学习一种新的语言可以促进新的思维模式、新的概念框架和新的语言使用方式的产生（Montgomery, 1997）。维特根斯坦的哲学与维果茨基关于个体语言和思维之关系的发展观相呼应。此外，美国学者沃尔特·翁（Walter Ong）等研究人员发现，从口语文化[①]过渡到书面文化时，人们的思维形式也会发生根本性转变（Ong, 1982）。

翁在他开创性的著作中写道：

> 如果没有写作，我们的头脑就不会也不可能像现在这样思考，不仅是在从事写作的时候，甚至是在以口语形式构思的时候[……]我们通常不会感觉到写作对我们思维的影响，这表明我们已经将写作的技术深深地内化了，没有巨大的努力，我们就无法将它与自己分开，甚至无法意识到它的存在和影响。（Ong，1986）

---

① "口语文化"指以口语为基础的社会，通常适用于那些没有书面文字的社会。——译者注

翁将写作描述为一种必须学习的技能，认为它促发了思维从声音世界到视觉世界的转变。例如，口语文化可能不理解“查阅”（look up）的概念。这个概念会变得没有任何意义，因为如果没有书写，话语就没有视觉存在，即使它们所代表的对象是视觉的。话语是声音的，视觉隐喻无法描述它们。说出的话发生在时间里，而不是空间里。

口语文化需要记忆策略，以便在没有文字的情况下保存信息，例如，依靠谚语、格言警句、史诗和人物。口语文化倾向于循环式思维。讲故事的人会吸引人们听故事，这些故事以循环、重复的方式讲述，便于记忆。相反，书面文化倾向于线性的、逻辑的、历史的或演化的思维，这些都依赖于书写。翁对从口语到书面过渡阶段的文化特别感兴趣。他指出，早期对计算机的批评与早期对写作的批评是何其相似（Ong, 1982）。

上述研究将写作视为具有强烈认识论意义的历史和社会现象。写作的技术随着时间的推移而变化，影响着我们思考世界的方式。例如，印刷术促进了思想的广泛传播，而在印刷术出现之前，知识只能通过抄书吏进行传播，只有少数的人能够掌握知识。此外，写作会重构我们的思维。从根本上说，写作技术支持逻辑顺序思维，允许主体与客体（即讲述的人与讲述的内容）分离。客体（书面文本）拥有自己的生命，可以被分析、解构和解释。这就产生了元认知：“思考自己的思考”。我的导师西摩·佩珀特曾经说过，“你不能在不思考你对某个东西的思考的情况下思考你的思考”（Papert, 2005）。他指的是元认知的重要性，即理解我们自己是怎样认识和理解世界的。在他看来，计算机以及为计算机编程的能力，为儿童提供了一个创造“东西”（即编程项目）来思考他们的思考的机会。书面文本和编程项目都为我们进行元认知水平的思考提供了机会，在创作的过程中我们可以解构和解释自己的思维。

例如，一名儿童想用 LOGO 制作一款游戏来教更小的儿童认识分数，这不仅需要思考计算机科学和数学，也需要思考游戏设计的原则和视角。他需要考虑用户所拥有的背景知识，并据此调整游戏；考虑用户的颜色偏好并选择界面设计方案，以保持用户参与度。这位小程序员要设身处地为用户着想，试图了解他在遇到新挑战时可能会做出什么反应。从长期以来对认知发展的研究可知，观点采择是思考的基础（Tjosvold & Johnson, 1978; Tudge & Rogoff, 1999; Tudge &

Winterhoff, 1993; Walker, 1980）。这位小程序员不是在真空中“思考自己的思考”——这项任务即使不是不可能，也是非常困难的。他创造了一个可以思考的“东西”：一款互动式分数游戏。在使用 LOGO 编写分数游戏来教别人的过程中，这名儿童发展了“计算素养”（DiSessa, 2001）。然而，也许最重要的是，这名儿童可以成为认识论者，并进一步探索知识是如何构建的，以及我们是如何学会我们所学的知识的（Turkle, 1984）。

文本素养和计算素养

儿童创建的编程项目以及作者创作的文本，都是读写能力的产物，都独立于创作者，并拥有自己的生命。这些作品可以被分享、阅读、修改和使用。它们会引发情感共鸣。它们一旦流传于世，就会出现不同于创作者最初意图的解读。编写游戏的儿童和创作文本的作者无法控制别人如何接受他们的作品。创作的过程是迭代式的，遇到问题就解决问题：儿童程序员发现程序中的错误，并加以修复；作者发现文本中的语法错误和思维跳跃，并加以修改。修订和编辑成为文本素养的主要任务，就像计算素养中的调试一样。

在这个过程中——从一个原创想法开始，到一个可分享的作品（即电脑游戏或文本）结束——创造过程和批判过程是相互依存的。佩珀特引用英国诗人艾略特的话来说明这一点：“作者在创作时所进行的劳动，大部分都是批判性的劳动：筛选、组合、构建、删除、纠正、检验等。这种极度的辛劳既是批判性的，也是创造性的。”（Eliot, 1923，转引自 Papert, 1987）作品脱离创作者后，可以凭借自身的力量变得更强大。但是，它有时会隐藏其创作过程。我们将在之后的章节中看到，当我们致力于发展计算素养时，我们必须将编程的过程放到最前面。编程是我们通向最终作品的旅程。对这一旅程或学习过程，我们像对结果一样感兴趣。

在儿童早期教育中，有着记录儿童学习过程的深厚传统。例如，瑞吉欧教育法注重细致地记录儿童在工作过程中的经验、记忆、思想和观点，而不仅仅是完成的结果（Katz & Chard, 1996）。这些记录可能包括儿童在几个不同阶段的作品样本、正在进行工作的照片、教师写的反馈，甚至是父母或其他儿童的评论。记录使隐藏的学习过程变得可见。它使我们能够重温已完成创作的作品，了解其创作的历程。

同样，文学研究领域的目标是让隐藏的写作过程浮出水面。研究者利用不同来源的资料重建作者写作一本书的旅程，并揭示其结构和机制。计算素养这一新兴领域则旨在了解人们在编程或创建可分享项目的过程中接触计算思维的旅程。

早在 1987 年，佩珀特就呼吁发展一个研究领域，并称之为“计算机批评”（computer criticism），类似于文学批评。他写道：“这样的称呼并不意味着计算机批评会谴责计算机科学，就像文学批评谴责文学一样……；计算机批评的目的不是谴责，而是理解、解释和正确看待。”（Papert，1987）佩珀特认为，这个新学科将有助于更好地阐明计算机和计算机编程在当今社会中，尤其是在教育中的作用。

虽然与姊妹学科相比，计算机批评还处于起步阶段，但参照读写能力理解编程还是有前景的。与编程一样，读写能力意味着产生脱离其创作者的作品。在作品中，创作者有意图、有激情、有表达的欲望。写作和编程一样，都是人类表达的媒介。但是当前的话语体系主要将编程和计算思维视为解决问题的过程，前面这种观点则几乎不存在。“表达”需要解决问题和知识储备，然而，解决问题并不是最终目标。例如，要制作动画，我需要编程技能。我解决一路上遇到的问题，并不是因为我喜欢解决问题（尽管我可能喜欢），而是因为我想通过一个可以被他人分享和解释的外显作品（动画）来表达自己。

读写的力量

计算素养与文本素养具有历史性、社会性、交际性和公众性等共同特性。随着越来越多的人学习编程，计算机编程逐渐离开计算机科学的专有领域并成为其他职业的核心，计算素养中的公众维度开始发挥作用。我们正在离开抄写时代，那个只有少数人有读写能力的时代，进入大众拥有读写能力的印刷时代。读写有带来社会变革的力量。

例如，大规模动员人力和资源开展扫盲运动是一种由来已久的做法。博拉（Bhola, 1997）将扫盲运动追溯到16世纪早期欧洲的新教改革运动。这些扫盲运动通常会支持社会、经济、文化和政治改革或转型。1970年代，在革命或去殖民化的解放战争之后，政府通常会发起大规模的成人扫盲运动（Bhola, 1984）。

在1960年代，巴西教育家保罗·弗莱雷（Paulo Freire）受命领导全国扫盲运动。弗莱雷最著名的是他的著作《被压迫者教育学》（*Pedagogy of the Oppressed*）。他认为，教育是一种不能脱离教育学的政治行为（Freire, 1996）。雷斯尼克和西格尔（Resnick & Siegel, 2015）谈到，弗莱雷认为读写能力不仅仅是一种实用技能，他在贫困区领导扫盲运动，不仅帮助人们找到工作，还帮助人们意识到他们可以塑造和改变自己。弗莱雷主张，教育应该让在社会、经济或政治上受压迫的个人重获人性意识，而读写能力正是他的工具。他坚信，受压迫者必须在成为自己的解放者中发挥重要作用。第一步是教所有人阅读和写作，读写会成为解放的工具。读写能力赋予人们智力和政治上的力量。

在沃尔特·翁所描述的转型期口语文化中，权力存在于那些能够读写的特定个人或群体中，他们后来垄断了印刷书籍，而不会读写的人则被剥夺了权力。"编程是读写能力"这句话不仅意味着教授计算机编程，让学生为计算机科学的学习和职业生涯做好准备（鉴于该行业缺少程序员和软件开发人员），还意味着让他们拥有在公共事务中发出声音、发挥作用的智力工具。在当今世界，那些能够生产数字技术的人将比那些只能消费数字技术的人做得更好。那些能够创新和解决问题的人将创造明天的社会，并为迎接全球化时代多文化、多种族的复杂挑战做好准备。

编程不只是一种技术型技能，它还是21世纪获得素养的一种方式，就像阅读和写作一样。它不仅可以改变我们思考自己思维的方式，还可以改变我们在社会中看待自己的方式，以及构建社会运行机制的方式。它可以引发积极的变化。我们将在后面的章节中看到，我开发的正向技术发展框架强调了教授编程的目的，让儿童可以成为社会的贡献者。儿童可以利用编程技术创造一个更美好、更公正的世界。作为教育工作者，我们在思考编程教学方法时必须意识到这一点。如果我们的教学局限于闯关之类的挑战，我们就剥夺了计算素养赋予儿童最强大的能力：用自己的声音进行表达。

读写技术

受米歇尔·福柯（Michel Foucault）关于“自我技术”（technologies of the self）的哲学构想的启发，我提出，读写技术（包括文本的和计算的）允许我们：①生产和转化人工制品；②使用与意义相关的符号系统；③决定个人的行动；④通过思考改造自我（Foucault et al., 1988）。这四个要素构成了我的“编程是读写能力”的理论。读写需要技术，技术让行动和思考成为可能。在这个定义中，技术将思考转化为行动：阅读、写作和编程。读写技术不同，使用的工具也各异，例如：印刷机支持思想的广泛传播，而传统的手写卷轴则导致垄断；钢笔可以进行创造性的表达，但不太适合编辑我们的作品；蜡笔在我们初学字母书写时很有用，但不适合书写长篇文章。编程工具也各不相同，不同的技术平台支持不同的编程语言。

我们该如何选择最好的工具来支持文本素养和计算素养的发展？我们如何设计适合儿童发展的新产品？儿童早期研究人员花了几十年的时间来了解支持儿童写作的最佳工具（Dyson, 1982; Graham et al., 2012; Graham & Perin, 2007; Graves, 1994; Taylor, 1983）。教育工作者会精心地为学生选择最好的写作工具，并向父母做出推荐。本着同样的精神，我们在儿童早期技术这一新兴领域也需要做出明智的选择，选择对儿童具有发展适宜性的编程语言和平台。

设计编程工具不仅仅是软件工程师的责任，我们这些了解儿童学习与发展理论的人应该与他们一起工作。只有当我们学会说彼此的语言、碰撞彼此的思想时，这种跨学科的努力才有可能实现。我为此倾注了二十年的精力，希望能培养出在这两个领域都能游刃有余的新一代研究者和实践者。例如，我在塔夫茨大学的技术与儿童发展研究小组，有来自不同学科的学生：认知科学、儿童发展、机械工程、人因学、计算机科学和教育学等。

在本书的第四部分，我将介绍由我的技术与儿童发展研究小组和一个优秀的团队经过多年合作设计、开发的两种编程语言：ScratchJr 和 KIBO 机器人。我还将从儿童学习与发展的视角，为那些有兴趣参与这一对话的人提供开发新编程语言所需的设计原则。我的愿景是，随着该领域的成熟，会涌现出许多专门为年幼儿童设计的编程语言，每一种都有独特的界面，能支持和促进新的表达方式。

参考文献

Allamanis, M., Barr, E. T., Devanbu, P. & Sutton, C. (2018). A survey of machine learning for big code and naturalness. *ACM Computing Surveys (CSUR)*, *51*(4), 1–37.

Bers, M. U. (2018, April 17–20). Coding, playgrounds and literacy in early childhood education: The development of KIBO robotics and ScratchJr. Paper presented at the *IEEE Global Engineering Education Conference (EDUCON)* (pp. 2100–2108). Santa Cruz de Tenerife, Canary Islands, Spain.

Bers, M. U. (2019a). Coding as another language: A pedagogical approach for teaching computer science in early childhood. *Journal of Computers in Education*, *6*(4), 499–528.

Bers, M. U. (2019b). Coding as another language. In C. Donohue (Ed.), *Exploring key issues in early childhood and technology: Evolving perspectives and innovative approaches* (pp. 63–70). New York, NY: Routledge.

Bhola, H. S. (1984). *Campaigning for literacy: Eight national experiences of the twentieth century, with a memorandum to decision makers*. Paris: UNESCO.

Bhola, H. S. (1997). What happened to the mass campaigns on their way to the twenty-first century? *NORRAG, Norrag News, 21*, August 1997, 27–29.

Bialystok, E. (1991). Letters, sounds, and symbols: Changes in children's understanding of written language. *Applied Psycholinguistics*, *12*(1), 75–89.

Brandt, D. (2011). *Literacy as involvement: The acts of writers, readers, and texts*. Carbondale, IL: SIU Press.

Dalbey, J. & Linn, M. C. (1985). The demands and requirements of computer programming: A literature review. *Journal of Educational Computing Research*, *1*(3), 253–274.

Dehaene, S., Pegado, F., Braga, L. W., Ventura, P., Filho, G. N., Jobert, A., Dehaene-Lambertz, G., Kolinsky, R., Morais, J. & Cohen, L. (2010). How learning to read changes the cortical networks for vision and language. *Science*, *330*(6009), 1359–1364.

DiSessa, A. A. (2001). *Changing minds: Computers, learning, and literacy.* Cambridge, MA: MIT Press.

Dyson, A. H. (1982). Reading, writing, and language: Young children solving the written language puzzle. *Language Arts*, *59*(8), 829–839.

Elkins, J. (Ed.). (2009). *Visual literacy*. New York and Abongdon, Oxon: Routledge.

Fakhoury, S. (2018, October). Moving towards objective measures of program comprehension. In *Proceedings of the 2018 26th ACM Joint Meeting on European Software Engineering Conference and Symposium on the Foundations of Software Engineering* (pp. 936–939).

Fedorenko, E., Ivanova, A., Dhamala, R. & Bers, M. U. (2019). The language of programming: A cognitive perspective. *Trends in Cognitive Sciences*, *23*(7), 525–528.

Floyd, B., Santander, T. & Weimer, W. (2017, May). Decoding the representation of code in the brain: An fMRI study of code review and expertise. In *2017 IEEE/ACM 39th International Conference on Software Engineering (ICSE)* (pp. 175–186).

Foucault, M., Martin, L. H., Gutman, H. & Hutton, P. H. (1988). *Technologies of the self: A seminar with Michel Foucault*. Amherst, MA: University of Massachusetts Press.

Fox, B. J. & Saracho, O. N. (1990). Emergent writing: Young children solving the written language puzzle. *Early Child Development and Care*, *56*(1), 81–90.

Freire, P. (1996). *Pedagogy of the oppressed (revised)*. New York, NY: Continuum.

Graham, S., McKeown, D., Kiuhara, S. & Harris, K. R. (2012). A meta-analysis of writing instruction for students in the elementary grades. *Journal of Educational Psychology*, *104*(4), 879–896.

Graham, S. & Perin, D. (2007). Writing next: Effective strategies to improve writing of adolescents in middle and high schools. *A report to Carnegie Corporation of New York*. Washington, DC: Alliance for Excellent Education.

Graves, D. H. (1994). *A fresh look at writing*. Portsmouth, NH: Heinemann.

Hirsch, E. D., Kett, J. F. & Trefil, J. S. (2002). *The new dictionary of cultural literacy*. New York, NY: Houghton Mifflin Harcourt.

Ivanova, A., Srikant, S., Sueoka, Y., Kean, H., Dhamala, R., O'Reilly, U. M., Bers, M. U. & Fedorenko, E. (2019, October). The neural basis of program comprehension. *Poster session presented at the Society for Neuroscience 2019*, Chicago, IL.

Katz, L. G. & Chard, S. C. (1996). The contribution of documentation to the quality of early childhood education. *ERIC Digest*. Champaign, IL: ERIC Clearinghouse on Elementary and Early Childhood Education. ED 393 608.

Kramsch, C. (2006). From communicative competence to symbolic competence. *The Modern Language Journal*, *90*(2), 249–252.

Martin, A. (2006). Literacies for the digital age: Preview of Part 1. In A. Martin and D. Madiga (Eds.), *Digital literacies for learning* (pp. 3–25). London: Facet.

Montgomery, D. E. (1997). Wittgenstein's private language argument and children's understanding of the mind. *Developmental Review*, *17*(3), 291–320.

Norman, K. L. (2017). *Cyberpsychology: An introduction to human-computer interaction*. Cambridge: Cambridge University Press.

Nutbeam, D. (2008). The evolving concept of health literacy. *Social Science & Medicine*, *67*(12), 2072–2078.

Ong, W. (1982). *Orality and literacy: The technologizing of the word*. London: Methuen.

Ong, W. (1986). Writing is a technology that restructures thought. In G. Baumann (Ed.), *The written word: Literacy in transition* (pp. 23–50). New York, NY: Oxford University Press.

Papert, S. (1980). *Mindstorms: Children, computers, and powerful ideas*. New York, NY: Basic Books, Inc.

Papert, S. (1987). Computer criticism vs. technocentric thinking. *Educational Researcher*, *16*(1), 22–30.

Papert, S. (2005). You can't think about thinking without thinking about thinking about something. *Contemporary Issues in Technology and Teacher Education*, *5*(3), 366–367.

Pearson, P. D. (2004). The reading wars. *Educational Policy*, *18*(1), 216–252.

Peitek, N., Siegmund, J., Parnin, C., Apel, S., Hofmeister, J. C. & Brechmann, A. (2018, October). Simultaneous measurement of program comprehension with fMRI and eye tracking: A case study. In *Proceedings of the 12th ACM/IEEE International Symposium on Empirical Software Engineering and Measurement* (pp. 1–10).

Perlis, A. J. (1962). The computer in the university. In M. Greenberger (Ed.), *Computers and the world of the future* (pp. 180–219). Cambridge, MA: MIT Press.

Puranik, C. S. & Lonigan, C. J. (2011). From scribbles to scrabble: Preschool children's developing knowledge of written language. *Reading and Writing*, *24*(5), 567–589.

Resnick, M. & Siegel, D. (2015). A different approach to coding. *International Journal of People-Oriented Programming*, *4*(1), 1–4.

Siegmund, J., Kästner, C., Apel, S., Parnin, C., Bethmann, A., Leich, T., Saake, G. & Brechmann, A. (2014, May). Understanding source code with functional magnetic resonance imaging. In *Proceedings of the 36th International Conference on Software Engineering* (pp. 378–389).

Smith, M. (1969). The reading problem. *The American Scholar*, 431–440.

Taylor, D. (1983). *Family literacy: Young children learning to read and write*. Portsmouth, NH: Heinemann Educational Books, Inc.

Tjosvold, D. & Johnson, D. W. (1978). Controversy within a cooperative or competitive context and cognitive perspective taking. *Contemporary Educational Psychology*, *3*(4), 376–386.

Tolchinsky, L. (2003). *The cradle of culture and what children know about writing and numbers before being*. New York, NY: Psychology Press.

Tudge, J. & Rogoff, B. (1999). Peer influences on cognitive development: Piagetian and Vygotskian perspectives. *Lev Vygotsky: Critical Assessments*, *3*, 32–56.

Tudge, J. R. & Winterhoff, P. A. (1993). Vygotsky, Piaget, and Bandura: Perspectives on the relations between the social world and cognitive development. *Human Development*, *36*(2), 61–81.

Turkle, S. (1984). *The second self: Computers and the human spirit*. New York, NY: Simon and Schuster.

Van Dyke, C. (1987). Taking "computer literacy" literally. *Communications of the ACM, 30*(5), 366–374.

Vee, A. (2013). Understanding computer programming as a literacy. *Literacy in Composition Studies*, *1*(2), 42–64.

Vee, A. (2017). *Coding literacy: How computer programming is changing writing*. Cambridge, MA: MIT Press.

Vygotsky, L. (1978). *Mind in society: The development of higher psychological processes*. Cambridge, MA: Harvard University Press.

Walker, L. J. (1980). Cognitive and perspective taking prerequisites for moral development. *Child Development*, *51*(1), 131–139.

Warnick, B. (2001). *Critical literacy in a digital era: Technology, rhetoric, and the public interest*. New York and Abingdon, Oxon: Routledge.

Weintrop, D. & Wilensky, U. (2017). How block-based languages support novices. *Journal of Visual Languages and Sentient Systems*, *3*, 92–100.

Wittgenstein, L. (2009). *Philosophical investigations*. Chichester West Sussex: John Wiley & Sons. (Original work published in 1953).

Wolf, M. (2007). *Proust and the squid: The story and science of the reading brain*. New York, NY: HarperCollins.

Wolf, M. (2018). *Reader, come home: The reading brain in a digital world*. New York, NY: HarperCollins.

第五章 儿童编程的学习进阶

一名正在编程的儿童，脑袋里会发生什么？一名正在读写的儿童，脑袋里又会发生什么？这些技能的学习过程有何异同之处？从新手到专家的学习过程是怎样的？要发展书面语言，首先要掌握口头语言，口语先于读写。也许，掌握技术也要先于学会编程？计算素养领域可以从文本素养的丰富历史中学到什么，来支持教育实践？

杰罗姆·布鲁纳（Jerome Bruner）是著名心理学家，在认知心理学和教育理论方面做出了重大贡献。在研究语言发展时，布鲁纳提出了社会互动论的观点（Bruner, 1975, 1985）。他的理论强调了语言的社会性和人际性，这与诺姆·乔姆斯基（Noam Chomsky）的语言获得先天论形成鲜明对比（Chomsky, 1976）。受社会文化发展论学者维果茨基（Vygotsky, 1978）的启发，布鲁纳提出，社会互动在认知发展中起着重要作用，尤其是在语言发展中。儿童学习语言以进行交流，并在此过程中学习语言规则，包括句法和语法。“学习”语言和“使用”语言同时进行，很难分清孰先孰后。当然，儿童不会独自做这些事，他们会得到同伴、成人、游戏和歌曲的帮助（或支架）。本着同样的精神，在我提出的“编程是游乐场”方法中，儿童在学习编程的同时，也会在自己的项目中使用编程。流利性会随着使用的增多而提高。

对布鲁纳来说，学习要达成的结果不只是语言的概念和范畴，也不只是掌握由文化借助语法和句法规则发明的解决问题的程序，还有儿童自己发明这些东西并将其应用到不同情境中的能力。例如，使用书面语言来写一份邀请函或一本书，或使用编程来制作一个动画或几何图形。学习编程不是为了掌握编程的语法，而是为了能够创建对个人有意义且独特的项目。编程的行为可能会促进计算思维的发展，但并不总是这样：我们都熟悉这样的事例，就是儿童被要求抄写黑板上的程序，并在不进行思考的情况下记住语法规则。作为一种读写能力，编程涉及行动、创造和制作，而不仅仅是思考。它涉及制作外显的、可共享的人工制品。

在儿童早期，编程意味着要理解一系列表示动作的语言（计算指令），并通过新的方式组合计算指令来创建项目。随着儿童的成长和对更复杂的编程语言的学习，编程还会涉及使用语法规则和发现新的句法。通常，当编程"进入学校"时，它是以挑战或待解决的逻辑谜题的形式出现。教师布置作业，学生需要解决问题，这是大多数接触过传统计算机科学课程的学生的经历。虽然这可能对那些有内在动机的儿童很有效，但不幸的是，缺乏自我表达的机会会让许多儿童失去兴趣。我的方法则与此不同：编程的目的是表达，而非解决问题。表达不同于解决问题。我们有话要说，有项目要展示，有想法要探索——通过创建一个对个人有意义的项目，与他人分享，解决我们在此过程中遇到的问题，则可以实现这些目的。

具有发展适宜性的编程语言，必须支持儿童的表达。儿童发展的任务，不就是开始寻找自己在这个世界中的声音吗？例如，一名儿童使用 ScratchJr 为她的父亲制作一个生日贺卡动画，或者为 KIBO 编程，让它随着她最喜欢的歌曲起舞。在这个过程中，她会学习计算机科学中强大的概念和技能，并解决许多问题。虽然解决问题并不是儿童早期编程的唯一目标，但它是一种非常有效的机制，可以让儿童表达自己并进行交流。

雷斯尼克和西格尔（Resnick & Siegel, 2015）在讨论创建 Scratch 基金会以推广一种截然不同的编程方法时写道：

> 对我们来说，编程不是一套技术型技能，而是一种新型的读写能力和个人表达方式，对每个人都很有价值，就像写作一样。我们认为编程是人们组织、表达和分享想法的一种新方式……许多入门级的编程活动要求学生为虚拟角色编写动作，使其通过一系列障碍从而实现目标。这种方法可以帮助学生学习一些基本的编程概念，但不能让他们创造性地表达自己，或对编程产生持久的兴趣。这就像教一门写作课，却只教语法和标点符号，而不给学生叙写自己故事的机会。

再次强调，编程与读写能力息息相关，是一种表达自我的方式。早在 1987 年，西摩·佩珀特就提倡将计算机作为人类表达的媒介。“即使现在还没有计算机界的莎士比亚、米开朗琪罗或爱因斯坦，将来也会有的。”他保证（Papert, 1987）。差不多 20 年后，我们可以很轻松地识别出这些莎士比亚、米开朗琪罗和爱因斯坦们。他们是新编程语言的创造者和程序员，他们成了成功的企业家、慈善家和商人，因为他们真正了解计算机对社会的巨大影响。

艾米是一名聪明的学前班儿童。她正在给 KIBO 编程，让它舞狮。她正在了解中国，想把 KIBO 装扮成狮子来表演舞狮。艾米先把一系列蓝色的动作积木块组合在一起，“摇晃、向前、向后、摇晃”，她重复这个过程 4 次，然后产生了一个想法。“玛丽娜，玛丽娜，”她向我喊道：“有没有一个叫‘舞狮’的积木块能完成这 4 个步骤？这样我就可以使用它并重复 4 次，能节省很多积木块。”艾米并不知道，她问的是一个叫作函数的计算概念。不巧的是，KIBO 没有这样的积木块。艾米想了一会儿，然后脸上洋溢着快乐和自信，告诉我：

> 我要创建一个新的积木块，把它命名为“舞狮”，然后让它执行这 4 个步骤。我需要给它贴一个新的条形码，也许可以从我妈妈在超市买的杂货里拿一个。

尽管为 KIBO 创建一个新积木块的过程比这要复杂，但只有 5 岁的艾米已经有了创建新的“动作”和“语言”的想法。

研究读写萌发的学者们发现，儿童进入学校时已经拥有大量的阅读和写作的技能与知识，尽管不是正式或传统意义上的（如 Ferreiro & Teberosky, 1982; Sulzby, 1989; Sulzby & Teale, 1991; Whitehurst & Lonigan, 2001）。这些早期的技能与知识为以后读写的成功奠定了基础。编程也是如此。尽管编程没有“口语”阶段，但儿童在意识到什么是编程之前，就已经浸润在一个充满交互技术的世界中，并且经常接触排序、因果、对应等强大思想，而这些都是编程的基础。

儿童不是从复杂的话语开始说话，或从小说开始阅读（Chall, 1983）；同样，儿童也不是从完整的句子开始写作，而是从涂鸦开始（Ferreiro & Teberosky, 1982; Puranik & Lonigan, 2011）。阅读和写作密切相关。尽管与阅读相比，对写作的研究较少，但研究人员已经发现了其学习进阶，或者说经过教学会达到的一系列阶段。这同样适用于编程。儿童不是从复杂的算法和嵌套的控制结构开始编程，而是从简单的排序和精心设计的课程开始（Guzdial & Morrison, 2016; Jenkins, 2002; Lockwood & Mooney, 2018），比如下一章将介绍的“编程作为另一种语言”课程，可以帮助他们进入更复杂的阶段（Hassenfeld & Bers, 2019）。

我在工作中，根据行为观察和数据收集确定了儿童学习编程的 6 个阶段。这来自对 4—7 岁儿童进行的二十多年的研究，他们在不同的情境、不同的课程中使用我们基于积木的编程语言：ScratchJr 和 KIBO（Bers, 2019a）。这 6 个阶段描述了儿童编程的发展过程。有时，发展被视为连续的、有序的和渐进的。然而，发展更多是个性化的，有方向性但又非完全线性的，灵活多变的，相互关联的。经过几十年对儿童编程的观察，我的技术与儿童发展研究小组开发了一个儿童编程学习进阶模型，它不是固定的，也不是完全线性的，而是具有一定的层次结构，支持儿童在不同阶段的不同水平（见图 5.1）。这些阶段帮助我们以量化的方式衡量儿童在编程技能方面的进步情况。这些阶段的定义比较宽泛，以便根据不同的编程语言进行适应性调整（见表 5.1）。

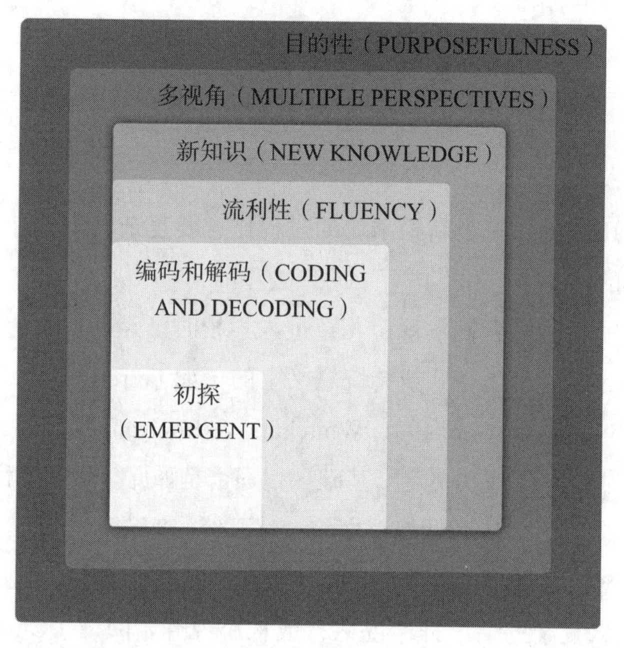

图 5.1　儿童学习编程的 6 个阶段示意图。从浅到深的颜色渐变，代表儿童编程的进阶方向；前 4 个阶段，“初探、编码和解码、流利性、新知识”，儿童对于语法和句法知识的掌握是线性发展的；后 2 个阶段，“多视角、目的性”打破了这种线性进程，这 2 个阶段的发展更为灵活多变

表 5.1　衡量儿童编程学习进阶的 6 个阶段

阶段	定义	行为示例
1. 初探	儿童认识到科技是人为设计的，理解“符号”和“表征”的概念，并熟悉界面；但只是开始探索编程语言（只知道一些符号的含义）	• 儿童知道如何打开和关闭工具，并能够正确地与界面交互 • 儿童知道是程序员编写了命令和程序，工具不是自主的实体 • 儿童知道一个指令代表一个行为 • 儿童知道存在基本的控制结构
2. 编码和解码	儿童知道排序很重要，指令按不同的顺序排列会产生不同的行为；学会了编程语言中一组有限的符号和语法规则，并开始识别和修复程序中的语法错误；在这个阶段，可以看到儿童最显著的成长	• 儿童可以正确使用简单的因果命令创建简单的程序 • 儿童以目标为导向探索指令 • 儿童通过反复试误来执行简单的调试 • 儿童可以识别和修复程序中的语法错误
3. 流利性	儿童已经掌握了编程语言的语法，理解如何识别和修复程序中的逻辑错误（例如，程序没有执行预期的操作）	• 儿童有个人动机去使用控制结构创建复杂的程序 • 儿童可以正确使用控制结构创建复杂的程序 • 儿童开始有策略地进行调试 • 儿童可以识别和修复程序中的逻辑错误
4. 新知识	儿童知道怎样组合多个控制结构并创建嵌套程序，从而实现复杂的排序	• 儿童对自己的程序，更多地以目标为导向探索逻辑 • 儿童有个人动机去创建嵌套程序，以实现复杂的排序 • 儿童可以正确地创建嵌套程序，从而实现复杂的排序 • 儿童在调试方面很有策略性
5. 多视角	儿童知道如何创建包含复杂的用户或工具交互的程序	• 儿童可以创建包含用户输入的程序 • 儿童可以创建多个彼此交互的程序 • 儿童开始分析、综合并将抽象概念转化为程序 • 儿童可以调试多个控制结构
6. 目的性	儿童知道如何分析、综合并将抽象概念转化为程序。儿童能够根据自己的需求和目的熟练地编程	• 儿童有个人动机去创建复杂的程序 • 儿童可以分析、综合并将抽象概念转化为程序 • 儿童将抽象概念转化为程序后，可以正确地将程序逆向转化为抽象概念 • 儿童能够找到多种将抽象概念转化为程序的方法

这里提出的编程学习进阶只适用于4—7岁的儿童（Bers, 2019a, 2019b），与查尔（Chall，1983）提出的读写学习进阶有相似之处。尽管从一个阶段到下一个阶段的进步与年龄无关，但儿童通过参与精心设计的课程（如“编程作为另一种语言”，将在下一章详述），也就是既教授循环、条件等编程概念又支持儿童的表达和创造的课程，可以取得快速的进步。

儿童在使用ScratchJr或KIBO等入门级编程语言的情况下，通过足够的指导和学习，可以到达更复杂的阶段（多视角和目的性），并开始探索计算机科学的强大思想，如算法、模块化、控制结构、表征、硬件和软件、设计过程、调试等（Bers, 2008, 2019a, 2019b）。

总而言之，儿童编程的发展过程不完全是线性的。有些儿童在学习新的概念和技能时，可能会在各个阶段之间来回游走；有些儿童可能会熟练地掌握某些强大思想和编程概念，但在其他方面则不然；有些儿童可能精通编码和解码，却无法有目的地创建项目。但是，在所有阶段，“编程作为另一种语言”课程都会邀请儿童使用其不断发展的编程知识来创建表达性的项目，并与他人分享。下一章将介绍旨在帮助儿童经历这些发展阶段的“编程作为另一种语言”课程。

参考文献

Bers, M. U. (2008). *Blocks to robots: Learning with technology in the early childhood classroom*. New York, NY: Teachers College Press.

Bers, M. U. (2019a). Coding as another language: A pedagogical approach for teaching computer science in early childhood. *Journal of Computers in Education*, *6*(4), 499–528.

Bers, M. U. (2019b). Coding as another language. In C. Donohue (Ed.), *Exploring key issues in early childhood and technology: Evolving perspectives and innovative approaches* (pp. 63–70). New York, NY: Routledge.

Bruner, J. S. (1975). The ontogenesis of speech acts. *Journal of Child Language*, *2*(1), 1–19.

Bruner, J. S. (1985). *Child's talk*. Cambridge: Cambridge University Press.

Chall, J. S. (1983). Literacy: Trends and explanations. *Educational Researcher*, *12*(9), 3–8.

Chomsky, N. (1976). On the biological basis of language capacities. In R. Rieber (Ed.), *The neuropsychology of language: Essays in honor of Eric Lenneberg* (pp. 1–24). New York, NY: Plenum Press.

Ferreiro, E. & Teberosky, A. (1982). *Literacy before schooling*. Portsmouth, NH: Heinemann Educational Books, Inc.

Guzdial, M. & Morrison, B. (2016). Growing computer science education into a STEM education discipline. *Communications of the ACM*, *59*(11), 31–33.

Hassenfeld, Z. R. & Bers, M. U. (2019). When we teach programming languages as literacy. (Blog post).

Jenkins, T. (2002, August). On the difficulty of learning to program. In *Proceedings of the 3rd Annual Conference of the LTSN Centre for Information and Computer Sciences* (Vol. 4, No. 2002, pp. 53–58).

Lockwood, J. & Mooney, A. (2018). Developing a computational thinking test using bebras problems. In *CC-TEL 2018 and TACKLE 2018 Workshops*, 3 September 2018. Leeds.

Papert, S. (1987). Computer criticism vs. technocentric thinking. *Educational Researcher*, *16*(1), 22–30.

Puranik, C. S. & Lonigan, C. J. (2011). From scribbles to scrabble: Preschool children's developing knowledge of written language. *Reading and Writing*, *24*(5), 567–589.

Resnick, M. & Siegel, D. (2015, November 10). A different approach to coding: How kids are making and remaking themselves from scratch.(Blog post). *Bright: What's new in education.*

Sulzby, E. (1989). Assessment of writing and of children's language while writing. In L. Morrow & J. Smith (Eds.), *The role of assessment and measurement in early literacy instruction* (pp. 83–109). Englewood Cliffs, NJ: Prentice-Hall.

Sulzby, E. & Teale, W. (1991). Emergent literacy. In R. Barr, M. L. Kamil, P. Mosenthal & P. D. Pearson(Eds.), *Handbook of Reading Research*(Vol.2, pp. 727–

758). New York, NY: Longman.

Vygotsky, L. (1978). *Mind in society: The development of higher psychological processes*. Cambridge, MA: Harvard University Press.

Whitehurst, G. J. & Lonigan, C. J. (2001). Emergent literacy: Development from prereaders to readers. In S. B. Neuman & D. K. Dickinson(Eds.), *Handbook of Early Literacy Research* (Vol.1, pp. 11–29). New York, NY: Guilford Press.

第六章 编程作为另一种语言：一种教学方法

我把我们的课程命名为“编程作为另一种语言”，旨在突出“编程是读写能力”的理念。在教学中，我们将编程语言理解为用于表达的符号系统。在儿童早期的课堂上，儿童已经在学习其他符号系统。他们学习数字和字母，而且知道把这些符号放在一起时，顺序很重要，例如，单词 TAC 和 CAT 就不一样。他们还会学习处理这些符号和创造新含义的规则，例如 1+1=2 但 1-1=0。通过将编程语言作为符号系统进行教学，我们在传统的课程领域（如读写和数学）和新的课程领域（如计算机科学）之间架起了一座桥梁。

“编程作为另一种语言”课程专为 4—7 岁的儿童设计，他们可在正式和非正式学习环境中使用 KIBO 机器人或 ScratchJr 学习编程，接触具有发展适宜性的计算机科学强大思想以及读写规则，沿着 6 个编程阶段不断发展。在正向技术发展框架（将在第十章中介绍）的指导下，该课程让儿童通过参与认知、社会情感和道德发展的活动来实现全面发展。计算机编程的学习经验让儿童有机会参与 6 种正向行为：协作、沟通、社区建设、内容创建、创造力和行为选择。

“编程作为另一种语言”课程分为多个单元，所有单元都以儿童读物为中心，旨在让阅读起步者能够使用 KIBO 机器人套件或基于平板电脑的 ScratchJr 应用程序进行表达性的编程。不论使用的是什么技术工具，课程单元都遵循相似的结构，包括编程和读写活动，以及涉及社会互动、创造力和运动的强调不使用屏幕的活动。每个单元包含 5—7 个围绕计算机科学的强大思想（第八章将对此进行探讨）组织的活动，以及儿童应具备的前期经验的详细说明，所需的技术和非技术材料的清单，活动中探索的词汇；个人和小组活动包括介绍或强化概念的热身游戏，巩固技能的设计挑战，提升和扩展技能的自由探索，提升创造力的表达性探索，以及对活动进行分享与反思的写作和技术圈。每个单元最后都有一个最终项目，聚焦的主题贯穿儿童之前活动中所学的内容。这个开放式的项目旨在让儿童与家人和朋友分享，让不同学业能力的儿童都能获得成功。该项目也可以很容易地扩展，以满足资优儿童或特殊儿童融合教育的需求。此外，其中的设计活动也经过精心选择，以引发女孩和少数族裔学生的兴趣（这些群体在工程和技术领域容易被边缘化），并根据研究让活动的形式和内容对他们更具吸引力。

“编程作为另一种语言”课程遵循以下原则：

- 编程可以是一种类似游乐场的体验；
- 读写教育中使用的策略对教儿童学习编程也是有帮助的；
- 编程项目可以为儿童的意义建构和表达提供机会；
- 解决问题可以作为自我表达和交流的手段；
- 编程活动可以让儿童思考计算机科学以及其他领域（如读写）的强大思想。

每个单元包含至少 12 个 1 小时的活动，以一本图画书为中心，比如莫里斯·桑达克（Maurice Sendak）的《野兽国》（*Where the Wild Things Are*）和西姆斯·塔巴克（Simms Taback）的《有个老婆婆吞了一只苍蝇》（*There Was an Old Lady Who Swallowed a Fly*）。儿童可以给机器人编程，让它跳一段野兽的舞蹈，借此回忆书中的特别瞬间，或者用 ScratchJr 创作动画，改编故事的结局。

西蒙是弗吉尼亚州东南部的一名二年级学生，他参加了为期 12 小时的基于“编程作为另一种语言”教学方法的机器人课程（Bers, 2019）。经语音意识与读写能力筛查（Phonological Awareness Literacy Screening，PALS）认定，他是一名需要补救性读写教学的学生。尽管如此，他在设计日志中记录他编程过程的文字清晰、引人入胜且复杂（包含复合句和叙事性的故事），他为 KIBO 机器人编写的程序也是如此（包含表达自己想法的特定动作序列）。西蒙为《野兽国》改编了一个清晰而富有创意的结局。他继续在课程中创作“西蒙独特的野兽狂欢”，写下他如何与怪兽一起乘坐宇宙飞船、玩电子游戏（他最喜欢的两件事），后来又用 KIBO 编写了同样的故事。在这种新的学习环境下，西蒙展现了一个完全不同的形象。他在读写方面根本不需要补救性教学。他是名优秀的程序员和故事创作者。

西蒙在参加该课程期间，不仅在编程语言评估中取得了很高的分数，表现出对编程的精通，而且在课程中表现出的写作能力也很强。对于为什么会出现这种情况，有两个假设。其一，将读写能力从正式读写的桎梏中解放出来，可能使西蒙重新审视阅读和写作，摆脱了需要补救性读写教学的自我认知（McDermott, 1996; Steele, 2003）。其二，也是更重要的，通过"编程作为另一种语言"方法学习一门入门级编程语言，可能强化了西蒙对读写概念的掌握。例如，西蒙有机会将编程中的算法与读写中的顺序和故事结构联系在一起。西蒙通过扫描语法正确和不正确的 KIBO 积木块程序，探索了算法（排序）的基本概念，并将其应用于写作技能。西蒙的案例突显了让读写技能跨越学科界限的重要性。借助机器人编程这种媒介，西蒙找到了阅读和写作的新动力——在使用 KIBO 之前，他一直认为这些技能对自己来说太超前了。

莎拉是马萨诸塞州波士顿郊区一所学校的二年级学生。她目前的读写能力测试水平是二年级，她也是一名热切而兴奋的 ScratchJr 新手"程序员"。虽然莎拉知道如何修改作文，但她很少去修改。当她在写作课程中得到教师和同学的建议时，她会在自己的作文中加上一个句子来应付，也就是说，她只去做最低限度的修改。如果某些内容真的说不通，她就会将其划掉并重新写。莎拉向我的技术与儿童发展研究小组的齐瓦·哈森费尔德博士（他正在莎拉的班上研究写作）解释，"如果要写的太多，我就不喜欢写了。我的意思是，我喜欢思考故事，但当我不得不写下来时，就很烦。"（Hassenfeld & Bers, 2020）然而，当莎拉编写 ScratchJr 程序时，她会以一种非常不同的方式进行修改。在参与哈森费尔德博士的多次编程课程时，莎拉创建了一个编程项目，大致是基于她在学期初写的一篇作文。在莎拉的项目中，她设计了两个角色（狐狸和乌龟），让它们进行对话、玩抓捕游戏。

在编写过程中的某些节点，莎拉会测试她的程序并发现一些问题或错误。第一个问题是程序中的对话不起作用。她弄错了 ScratchJr 中的"发送消息"积木。莎拉很快就对这个部分进行了调试，通过点击"发送消息"积木改正了错误。第二个问题是，"播放录音"积木无法播放她想要的录音，即在抓捕游戏中让乌龟数到 60（莎拉自己扮演乌龟，数着"1、2、3……"直至 60，然后把录音放入程序中）。她对这个问题进行了调试，创建了 3 段不同内容的录音，使整个录音中乌龟从 1 数到 60。第三个问题是，莎拉编写的程序是让乌龟数到 60 的同时在屏幕上移动，玩抓捕游戏。但实际的顺序错了。她用橙色的“暂停”积木重写了程序，以确保抓捕游戏在乌龟完成数数之后（而不是之前）开始。虽然莎拉不喜欢修改作文，经常宁可删除所有内容并重写，但她能轻松甚至充满热情地调试自己的 ScratchJr 项目。

这两个情景片段中，西蒙用 KIBO 编写“野兽狂欢”，莎拉编写 ScratchJr 中的对话，都是“编程作为另一种语言”课程将编程与读写能力相结合的例子。这是一种不完全基于 STEM 的编程理念，不仅有助于消除对于 STEM 的误解，还能吸引更多的儿童学习计算机科学。此外，它可能还有助于提升读写能力。我坚信，几十年来关于语言发展、读写教学方面的学术研究和教学实践可以为儿童早期的计算机教学提供新的途径。

我们通过研究读写能力和计算机科学的学业框架，开始了“编程作为另一种语言”整合课程的开发。在读写能力方面，我们选择了州立共同核心标准中的读写标准（National Governors Association Center for Best Practices & Council of Chief State School Officers, 2010）；在计算机科学方面，我们选择了学前班至 12 年级计算机科学框架（K-12 Computer Science Framework Steering Committee, 2016）。这个框架由美国计算机协会（Association for Computing Machinery，ACM）、美国计算机科学教师协会（Computer Science Teachers Association，CSTA）、Code.org、美国网络创新中心（Cyber Innovation Center，CIC）和美国国家数学和科学计划（National Math and Science Initiative，NMSI）、100 多名计算机科学界的顾问（高校教师、研究人员、中小学教师等）、几个州和大型学区、科技公司和其他组织共同开发。这一重大努力为各州和地区制定学前班至 12 年级计算机科学和计算思维的教学路径提供了概念性指引。

此外，我们还考察了塔夫茨大学所在的马萨诸塞州的读写、数字素养和 STEM 标准（Massachusetts Department of Elementary and Secondary Education, 2016, 2017），以及弗吉尼亚州的标准（Virginia Department of Education, 2019），弗吉尼亚是美国第一个从学前班开始教授计算机科学的州。尽管大多数州在低年级采用的教学方法大同小异，但我们还是在弗吉尼亚州做了大量工作，以确保我们的“编程作为另一种语言”课程与该州的课程标准保持一致。

通过分析这些标准，我们发现了一些具有代表性的强大思想，这些思想在我们查阅的所有文献中都能找到。术语“强大思想”指的是一门学科中的核心概念或技能，它既对个人有用，又与其他学科有着内在的联系，并且根植于儿童长期内化的直觉知识（Papert, 1980）。“编程作为另一种语言”课程中涉及的计算机科学的强大思想包括：算法、模块化、控制结构、表征、硬件和软件、设计过程及调试。读写能力的强大思想中，可以与计算机科学的强大思想“对话”的有排序和总结、文学手法、写作过程等。详见表 6.1。

表 6.1 “编程作为另一种语言”课程中计算机科学和读写能力的强大思想

计算机科学的强大思想	读写能力的强大思想	两者的联系
算法——为解决问题或达到最终目标而按顺序采取的一系列步骤	排序和总结——以合乎逻辑的、循序渐进的方式复述故事或活动	两者都强调顺序，将复杂的任务或活动按照逻辑以有组织的方式分解成循序渐进的操作步骤
模块化——将任务或程序分解成更简单、易于管理的单元，这些单元可以组合起来构成更复杂的流程	语音意识——在句子 / 单词 / 音节 / 音素层面识别和处理声音的能力 排序和总结——确定创建大的故事或流程所需的小的步骤或行动	两者都涉及分解的概念，即将一个复杂的任务分解成多个小任务
控制结构——决定如何在程序中执行一组指令（如重复循环、条件语句、事件）	文学手法——作家为特定或预期的目的使用的技术（如重复、模式） 做出推论——利用先前的信息得出关于某事的结论	两者都涉及使用更先进的技术来传达一组想法。重复循环强化了模式的概念，条件语句强化了分支逻辑的概念（例如，如果发生 X，则将发生 Y），而事件则强化了因果的概念
表征——概念可以用符号表征（如编程指令代表特定的命令或动作）	认识字母表和字母—发音对应关系——表征发音的字母组成单词	两者都涉及使用具有不同属性（颜色、形状、声音等）的符号来表征其他事物
硬件和软件——硬件是指计算系统的实体部分，需要软件或指令才能运行	沟通工具和语言——语言表达思想的方式多种多样（如口语、书写、打字）	两者都强调通过有形手段交流无形思想的过程。就像硬件和软件协同工作才能完成任务一样，语言表达思想和观点也需要与外界交流的媒介，如口语、书写、打字

续表

计算机科学的强大思想	读写能力的强大思想	两者的联系
设计过程——工程师和设计师用来创建问题解决方案的一系列步骤	写作过程——作家通过书面交流进行自我表达的一系列步骤	两者都是涉及想象、计划、创造、修改和分享的创造性过程，这些过程是迭代和循环的，没有正式的起点或终点
调试——识别问题并排除故障，以达到特定的结果	编辑和读者意识——修改文章，以便有效地与目标读者沟通	两者都涉及系统的分析、测试和评估，以改善与目标受众（计算机或人）的沟通。每当沟通不畅时，程序员或作家都会使用各种策略来解决问题

默里女士是一名一年级教师，已经从教八年。她参加了由技术与儿童发展研究小组的博士生埃米莉·雷尔金和马杜·戈文德开展的关于 KIBO 和“编程作为另一种语言”课程的为期一天的专业发展培训。默里女士一开始很紧张，但亲身体验 KIBO 并发现编程概念与她的读写教学之间的关系后，她对在自己的课堂上实施“编程作为另一种语言”课程感到兴奋。几周后，默里女士开展了第二个活动：沟通工具。在这个活动中，学生们玩了一些传话游戏，先是说悄悄话，然后是手写信息，最后是打字。默里女士组织了一场关于不同沟通方式的课堂讨论。师生还讨论了为什么清晰地沟通很重要：因为这样别人才能理解。默里女士的学生达尼说：“这就像 KIBO。我们无法与 KIBO 对话，因为它不懂我们的语言。我们必须使用积木块来告诉 KIBO 该做什么。”默里女士回应：“完全正确。KIBO 是一个有很多不同部件的机器人，而积木块是我们用来与 KIBO 交流的语言。”通过这个活动，默里女士引导她的学生理解硬件（机械）和软件（媒介语言）之间的区别，并将这一“强大思想”应用于 KIBO。

另一名教师全女士执教二年级，教一个由 22 名学生组成的融合班级。她对 KIBO 动手操作的属性感到很兴奋，但对它与读写能力之间的联系持怀疑态度。“学生们在课堂上不喜欢写作，”她说，“但也许它能让事情变得好玩起来。”她开展了第五个活动——调试，通过创建锚图[①]来展示 KIBO 出现的问题和解决方案。他们一起讨论组装 KIBO 和正确扫描积木块的方法。然后，她调整了活动方案，学生可以重温以前的“变戏法”程序，也可以想出新的舞蹈，只要他们能够练习不同的调试策略即可。活动结束时，学生对他们在 KIBO 中学到的新技巧感到兴奋，并继续在个人设计日志上写下自己最喜欢的策略。在这段时间里，全女士和写作能力最弱的小组一起工作，这些学生的读写能力还处在练习写完整句子的阶段。尽管他们通常需要鼓励才会进行写作，但这次他们都急切地希望全女士帮助拼写 retest（重新测试）和 sequence（序列）等单词。在全女士的支架式教学中，学生们通过绘画和写下关键词来帮助自己记住调试策略。

罗宾逊先生是一名学前班教师，几个月来他一直在课堂上实施“编程作为另一种语言”课程。他的学生正在研究第 11 和第 12 个活动中的最终项目：野兽狂欢。罗宾逊先生重读了莫里斯·桑达克的图画书《野兽国》，并停在了那 6 页没有文字的画面。他问学生：“野兽都在做什么呢？如果你有自己的野兽国，你会怎么做呢？”罗宾逊先生指导他的学生完成设计过程，因为他们要为 KIBO 编程以表演可能在“野兽狂欢”派对上发生的各种“狂野”的事情。考虑到学生们在上一次项目活动中共用 KIBO 时遇到了困难，罗宾逊先生决定引入 KIBO 工牌。他把全班分成三人一组，并为每组发了三个工牌：扫描者、助理和组织者。他的学生艾米、莎蒂和汤姆分到了一个小组。“我要先扫描 KIBO。”莎蒂说。艾米和汤姆通过石头剪刀布游戏，决定谁先成为莎蒂的助手，协助她扫描 KIBO 积木；另一个将是组织者，帮助收集和存放物品。当全班都在进行 KIBO 项目时，罗宾逊先生每隔几分钟就会敲一次铃，让学生交换工牌。他认为，工牌确保每个人都能获得公平的机会，并有助于促进课堂上的协作。

我们鼓励教师将“编程作为另一种语言”课程作为指导资源，并根据学生的需求动态调整课程和活动。他们也可以选择自己喜欢的图画书。该课程是免费的，可通过网站下载 PDF 文档。除了每个活动的介绍，网站还有视频、教程、设计日志模板和歌曲等教学资源，以及教师和研究人员评价学生学习的工具。在选择课程时，重要的是要清楚你希望学生学习哪种编程语言。你是在寻

① 锚图（Anchor Chart）是美国小学教室里常见的教学海报，将提纲、方法、策略、思路等进行整理并搭配简单的文字，是帮助学生把知识点系统化、清晰化的总结性图示工具。——译者注

找一种不使用屏幕的体验吗？如果是这样，使用 KIBO 机器人的课程将更合适。儿童在该课程中探索的技能和活动的示例，见表 6.2。你正在寻找基于免费软件的课程？使用 ScratchJr 的课程可能是更为理想的。

表 6.2　KIBO 机器人课程结构示例

课程主题	儿童将能够……
1. 基础	• 定义工程师，并了解有不同类型的工程师 • 比较设计过程和写作过程 • 运用设计过程和写作过程编写制作某物的一组指令
2. 技术工具：机器人	• 识别机器人的特征 • 比较人类语言和编程语言 • 使用 KIBO 积木块创建一个简单的算法
3. 排序	• 理解为什么在给机器人编程或讲故事时，顺序很重要 • 识别 KIBO 机器人的不同部件
4. 编程	• 清晰、有效地讲述和复述一个故事 • 识别扫描 KIBO 程序时的常见错误并排除故障 • 练习使用 KIBO 扫描程序 • 学习调试和编辑的策略
5. 调试	• 识别扫描 KIBO 程序时的常见错误并排除故障 • 练习使用 KIBO 扫描程序 • 学习调试和编辑的策略
6. 因果关系：1 级	• 区分人类感官和机器人传感器 • 使用 KIBO 声音传感器及合适的“等待拍手”积木块 • 使用录音机模块和录音机积木块成功录制音频
7. 因果关系：2 级	• 对 KIBO 进行编程，让它随着《如果你是野兽你就拍拍手》（*If You're Wild and You Know It*）这首歌唱歌、跳舞
8. 重复循环：1 级	• 识别程序的模式，并使用重复循环重写程序 • 使用 KIBO 数字参数，创建循环一定次数的程序 • 了解如何在故事和歌曲中使用重复循环
9. 重复循环：2 级	• 比较人类感官和机器人传感器 • 使用光和距离传感器成功测试 KIBO 程序
10. 重复循环和条件语句	• 使用光和距离传感器成功测试包含条件的 KIBO 程序 • 识别需要条件语句或重复循环的情况

续表

课程主题	儿童将能够……
11. 最终项目："野兽狂欢"写作	• 运用写作过程完成"野兽狂欢"写作 • 确定自己的想法中哪些能转化为 KIBO 项目，哪些不能
12. 最终项目："野兽狂欢"编程（为期 3 天）	• 规划、设计和创建最终的 KIBO 项目，充分展示设计过程 • 与同伴、家人和社区成员分享最终项目 • 确认并感谢那些帮助自己完成最终项目的人

有些人会问，既然编程本身就有可能会变得过时，那为什么还要教儿童学习编程语言呢？很多人认为，未来计算机会理解我们的自然语言，因此没有必要学习人工语言（如 Manning, 2015）。虽然这可能是真的，也可能不是，但我们仍然需要掌握向计算机发出指令所需的逻辑、排序、分解并解决问题的能力。

我们离让机器展现完整的人工智能还有很长的路要走，人类仍然需要做很多思考。因此，问题不在于编程是否会过时，而在于我们如何支持儿童计算思维（而非编码系统或编程语言等细节）的发展。

"编程作为另一种语言"课程将读写能力与编程结合在一起。然而，它的定位是计算机科学课程。因此，它会让儿童学习如何创建自己的项目，以及如何用计算思维进行思考。在儿童早期教授计算机科学意味着什么？年幼儿童可以学习哪些概念和技能，并且已经准备好理解哪些概念和技能？在这个年龄段进行计算思维意味着什么？本书下一部分将探讨这些问题。

参考文献

Bers, M. U. (2019). Coding as another language: A pedagogical approach for teaching computer science in early childhood. *Journal of Computers in Education*, *6*(4), 499–528.

Hassenfeld, Z. R. & Bers, M. U. (2020). Debugging the writing process: Lessons from a comparison of students' coding and writing practices. *The Reading Teacher*, *73*(6), 735–746.

K-12 Computer Science Framework Steering Committee. (2016). K-12 computer science framework.

Manning, C. D. (2015). Computational linguistics and deep learning. *Computational Linguistics*, *41*(4), 701–707.

Massachusetts Department of Elementary and Secondary Education. (2016). *Massachusetts science and technology/engineering curriculum framework*. Malden, MA: Massachusetts Department of Elementary and Secondary Education.

Massachusetts Department of Elementary and Secondary Education. (2017). *Massachusetts curriculum framework for English language arts and literacy, grades pre-kindergarten to 12*. Malden, MA: Massachusetts Department of Elementary and Secondary Education.

McDermott, R. P. (1996). The acquisition of a child by a learning disability. In S. Chaiklin & J. Lave (Eds.), *Understanding practice: Perspectives on activity and context* (pp. 269–305). Cambridge: Cambridge University Press.

National Governors Association Center for Best Practices & Council of Chief State School Officers. (2010). *Common core state standards for English Language Arts (ELA)/literacy*. Washington, DC: National Governors Association Center for Best Practices, Council of Chief State School Officers.

Papert, S. (1980). *Mindstorms: Children, computers, and powerful ideas*. New York, NY: Basic Books, Inc.

Steele, C. (2003). Stereotype threat and African American student achievement. In D. Grusky (Ed.), *The inequality reader: Contemporary and foundational readings in race, class, and gender* (pp. 276–281). New York, NY: Routledge.

Virginia Department of Education. (2019). *Computer science standards of learning*. Richmond, VA: Virginia Department of Education.

第三部分

计算思维

第七章 关于计算思维的思考

麦迪逊是一名 7 岁的小女孩，她在学校和家里使用 ScratchJr 进行编程已有一年时间了。当麦迪逊开始一个新项目时，她会大声计划着，并且随着项目的进行添加新的角色和动作。她向同学宣布自己要做一个篮球比赛的项目。她最喜欢的运动就是篮球。她一边探索 ScratchJr 的可用背景库，一边讲述她的设计思路："我需要一些队友、热闹的人群和一条龙。我想把这些通通放在体育馆里面，但是我还想加一个零食柜。"然后麦迪逊点击 ScratchJr 的"变更背景"按钮，用绘图编辑器在体育馆背景的角落里画了一个长方形来代表零食柜。

接下来，麦迪逊在她的项目中添加了近 10 个角色，有些是从"角色"库中选择的，有些是自己画的。当她讲述自己的设计时，她表现出了对 ScratchJr 这个工具的理解："我想让小猫把球传给女孩。所以，我必须对球进行编程，让它向前移动。"显然，麦迪逊明白 ScratchJr 不是魔法——虽然这些角色有潜力去做很多事情，但实际上它们只会做她为其编程的事情。她是控制者，必须按正确的顺序排列积木，才能让角色执行预期的动作。

随后，麦迪逊想让那条龙——她把它涂成了紫色——运球、跳跃和投篮。这需要她理解排序、因果关系和调试过程，以防角色做出与预期不同的事情。麦迪逊对龙进行编程，让它向右移动 5 次，然后跳到篮筐旁。不过，对篮球编程有点棘手。一开始，她让篮球向右移动，然后执行重复循环程序进行弹跳。结果篮球的运动看上去非常僵化，不像运球。"不！我希望它弹跳的同时向右移动！"麦迪逊惊呼道。尝试了几种不同的组合后，她有了突破："它可以同时执行两个程序！太棒啦！"她为篮球编写了两个独立但可以同时进行的程序，一个让它向右移动，一个让它弹跳（见图 7.1）。

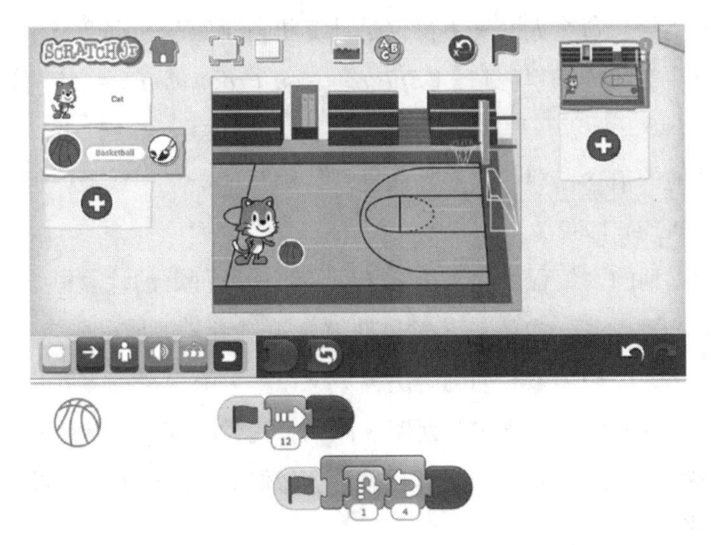

图 7.1　麦迪逊的篮球运球项目示意图。两个程序同时启动“绿旗”：第一个程序使球在屏幕上向右移动，第二个程序使球上下弹跳

麦迪逊通过分解球的动作来创建逻辑程序序列，对程序进行了调试，也提高了自己解决问题的能力。篮球被龙成功运球并投进篮筐，龙赢得了赛点。紧接着，一群动物粉丝借助音效积木中麦迪逊提前录制的音频欢呼起来。麦迪逊对着她的杰作自豪地笑了。

当麦迪逊创建自己的项目时，她探索了排序、调试、模块化和设计过程等强大思想。这些都是计算思维的核心概念。本章将集中讨论这一领域不断增长的文献和研究。虽然计算思维的大多数定义都将其视为解决问题的过程，但我的主张超越了这一概念，将计算思维视为表达过程。麦迪逊在解决许多问题从而创建篮球比赛项目的同时，也讲述了一个关于龙投篮得分、一群动物粉丝为之欢呼的故事。在遇到挑战时，正是“讲述自己最喜欢的运动故事”的愿望让她坚持下去。

1960 年代，因 ALGOL 编程语言而闻名于世的计算机科学家，同时也是计算机科学的创始人之一——艾伦·佩利斯（Alan Perlis）认为，所有大学生都需要学习编程和“计算理论”（Grover & Pea, 2013; Guzdial, 2008; Perlis, 1962）。鉴于当时的计算机与容纳它们的房间一样大，并且十分晦涩难懂，佩利斯这一洞见令人惊讶。佩利斯在将计算机科学这个新兴领域转变为一门学科方面发挥了领导作用，还在他担任美国计算机协会主席期间成立了第一个计算机科学课程委员会。他坚信，每个人——不仅仅是计算机科学家——都会从学习编程中受益。佩利斯在他的《编程警句》（*Epigrams on Programming*）中写道："也许，如果我们从小就开始编写程序，成年后我们就能阅读它们"（Perlis, 1982）。这一论断是基于他的信念，即"大多数人发现，编程的概念很浅显，但'做'编程却很艰深"（Perlis, 1982）。

佩利斯提到的"编程概念"接近于我们当前所理解的计算思维。尽管佩利斯不是发展心理学家，也不是儿童早期教育工作者，但他可能知道，当排序、模式、模块化、因果关系和问题解决等概念以一种有意义的方式呈现时，即使是年幼的儿童也能掌握。当时，西摩·佩珀特正忙于探索如何创建一种儿童可以使用的编程语言，这样，"做"编程就不会像佩利斯所说的那样艰深了。

计算思维是表达

基于与皮亚杰一起工作期间所获得的知识，佩珀特与沃利·弗伊尔齐格（Wally Feurzeig）等人合作开发了 LOGO。这是第一种专为儿童设计的编程语言，旨在帮助儿童以全新的、计算的方式进行思考。"计算思维"一词就源于这项开创性的工作，它意味着既要用算法解决问题，又要发展技术的流利度（Bers, 2010; Papert, 1980）。能像计算机一样思考的儿童，就能用计算机流利地表达自己。

佩珀特使用"流利度"这个词，显然是为了将计算与语言做类比。一个能流利使用语言的人可以用它来背诵一首诗，写一篇学术论文，或在聚会上进行社交。一个能流利使用技术的人可以用计算机制作动画，撰写演讲稿，构建模型进行模拟，或为仿生机器人编程。与学习第二语言一样，达到流利的程度需要时间，还需要努力和动力。

当人们能够像使用语言一样，使用技术创造性地、流畅地、毫不费力地表达自己时，他们就成了技术流利者（Bers, 2008）。在使用计算机语言（LOGO、ScratchJr、KIBO 或任何其他编程语言）的过程中，人们可以学会以不同的方式进行思考。佩珀特的"计算思维"不仅包括"解决问题"，还包括"表达"。我把它称为"计算思维是表达"隐喻，而不是传统的"计算思维是解决问题"隐喻。

计算思维的概念包含一系列分析并解决问题的技能、倾向、习惯和方法，这些是计算机科学中常用的，也可以服务于每个人（Barr, Harrison & Conery, 2011; Barr & Stephenson, 2011; Computer Science Teachers Association, 2020; Lee et al., 2011）。2006 年，周以真（Jeannette M. Wing）在《美国计算机协会通讯》（*Communications of the ACM*）杂志上发表了一篇颇具影响力的文章——《计算思维》（*Computational Thinking*），当即引起了美国许多研究人员、计算机科学家和教育工作者的关注（Wing, 2006）。周以真认为，计算思维是一种根植于计算机科学的解决问题的技能，是一种普遍适用的技能，应该成为每名儿童所应具备的分析能力的一部分。这个观点引起了不小的轰动。

根据周以真（Wing, 2006）的观点，计算思维可以被定义为"利用计算机科学的基础概念来解决问题、设计系统和理解人类行为"。计算思维涵盖计算机科学领域固有的一系列思维工具，包括递归思维、在解决复杂任务时使用的抽象思维以及在发现解决方案时使用的启发式推理思维。

计算思维是一种分析思维，与数学思维（如解决问题）、工程思维（设计和评估过程）和科学思维（系统分析）有相似之处（Bers, 2010）。周以真认为，虽然进行计算思维的"行动"植根于计算机科学，但它与每个人都息息相关："它代表了一种普遍适用的态度和技能，不仅仅是计算机科学家，每个人都应该渴望学习和应用它"（Wing, 2006）。周以真断言，正如印刷机促进了 3R（reading, writing and arithmetic，即读写算）的普及一样，计算机正在促进计算思维的普及。

许多研究人员和教育工作者都引用了这篇 2006 年的"行动号召"论文，因为它敦促向大学预科生和非计算机专业的学生教授计算思维。这带来了新的视角，让人们重新认识 1980 年代初佩珀特所提出的学习编程的重要性；但是，这也将计算思维局限于解决问题的过程，使其成为数学思维和工程思维的补充，而忽视了编程行为中表达和交流的重要性。使用游乐场方法学习编程的学生，不仅将计算思维作为解决问题的过程，也将其作为表达的过程。他们发展的，是一种新的读写能力。

佩珀特的学生布伦南和雷斯尼克（Brennan & Resnick，2012）将计算思维拆分为包含概念、实践和观点在内的三维框架。在更高的层次上，计算思维实践是指人们通过设计和构建算法来表达自我的技术。不出所料，这个定义让我们重新认识到表达与计算机编程过程的关联。

虽然计算思维在过去几年中受到了相当多的关注，但对于计算思维的定义可能包含哪些内容，学界还没有达成一致（Allan et al., 2010; Barr & Stephenson, 2011; Grover & Pea, 2013; National Research Council, 2010; Relkin, 2018; Relkin & Bers, 2019; Shute, Sun & Asbell-Clarke, 2017）。无论计算思维的定义是什么，在2010年一份题为《空转：数字时代学前班至12年级计算机科学教育的失败》（*Running on Empty: The Failure to Teach K-12 Computer Science in the Digital Age*）（Wilson et al., 2010）的报告发表后，计算思维的重要性占据了核心地位。这份报告指出，从事计算机行业的女性人数非常少，而且美国超过三分之二的地区在中学阶段开设的计算机课程很少。

从那时起，受程序员短缺的推动，公共和私人组织着手研究计算思维的培养框架和计划，并在学生上大学前开始实施。例如，2010年，国际教育技术协会（International Society for Technology in Education，ISTE）和美国计算机科学教师协会领导了一个名为“以思想领导力促进幼儿园[①]至12年级的计算思维发展”（Leveraging Thought Leadership for Computational Thinking in PK-12）的美国国家科学基金会项目。该项目的活动之一是构建一个更清晰的计算思维定义，以应用于学校课程。除了总结周以真介绍的许多技能外，该定义还包括了一系列在面对复杂性和不确定性时处理计算问题的态度（Barr, Harrison & Conery, 2011）。

2011年，周以真又发表了一篇文章，重新定义了计算思维：“表述问题及其解决方案所涉及的思维过程，它使解决方案以信息处理主体可以有效执行的形式表征。”（Wing, 2011）我提出的游乐场方法中，对这一定义做了调整。计算思维所涉及的思维过程，目的不一定是表述问题，也可以是表达。表述问题可能是表达的途径，但不是目的本身。想法不是问题，我们是想利用计算机的力量分享和测试我们的想法。周以真将运用计算思维的人描述为“信息处理主体”，我则把他们称为“表达主体”。他们拥有通过计算媒介与他人分享这些想法所需的内外资源和流利度。第五章介绍的编程学习进阶反映了这一点。例如，一名

---

① 美国的幼儿园（Prekindergarten，PK）一般招收3—5岁儿童，大致相当于我国幼儿园的小班和中班。——编辑注

儿童可能在流利性阶段的水平较低，但在目的性阶段的水平较高。这意味着他可能没有完整掌握编程语言的语法和句法，但对于他所知道的能够有效地进行分析、综合，并将抽象概念转化为程序。反之亦然，一名儿童可能在流利性阶段的水平较高，但在目的性阶段的水平较低。这意味着他可能已经掌握了编程语言的语法和句法，但弄清楚如何分析、综合并将抽象概念转化为程序对他来说仍是困难的。

这两种情况的关键区别，就在于表达：前一种情况下，儿童的表达受限于对编程语言的掌握程度，但他在自己理解的语法和句法范围内，可以毫不费力地驾驭编程表达；后一种情况下，儿童可能在操作编程语言的语法和句法方面没有困难，但很难将概念转化为程序。

重要的是，这里并非一定要有“表述问题”作为表达的途径。一个人用程序表达自我、为编程赋予目的的能力远不止于解决问题的能力，尽管两者之间存在联系。

在定义计算思维时，“解决问题”和“表达”应该是相辅相成的。然而，当公众话语过度倾向于前者时（体现在提倡让学生解决一系列逻辑谜题），如何与后者进行平衡还是很重要的。

在一次采访中，雷斯尼克说：

> 让儿童把积木拼在一起来解决谜题，对于学习基本的计算概念很有用。但是我们认为，这缺少了编程中令人兴奋的重要部分。只呈现逻辑谜题，就像教写作的时候只教语法和标点符号一样。（Kamenetz, 2015）

就文本读写能力而言，这就像只给儿童玩填字游戏，却期望他们成为流利的写作者一样。

超越 STEM

传统上，研究人员、从业人员、资助机构和政策制定者将计算机编程、计算思维和解决问题联系在一起。因此，计算机科学在进入课程时，被归入

STEM 领域。在 STEM 教育课程中，计算思维被定义为一组认知技能，用于识别模式、将复杂问题分解为更小的步骤、组织和创建一系列步骤以提供解决方案，以及通过模拟构建数据表征（Barr & Stephenson, 2011）。这种传统的做法没有为思维工具与语言、表达的整合留出空间，忽略了编程是一种读写能力。此外，它还忽略了许多研究人员的工作——他们指出，学习编程语言也可能与读写能力密切相关，类似于学习一门新的外语（National Research Council, 2010; Papert, 1980; Solomon, 2005）。

本书将计算思维视为一种表达和交流的方式。在之前的研究中，我们已经证明，将编程视为一种读写能力并使用教授一门新语言的相应策略，会在排序方面取得积极的学习成果，而排序正是读写的一项基本技能（Kazakoff & Bers, 2011, 2014; Kazakoff, Sullivan & Bers, 2013）。例如，我们发现幼儿园儿童在学完一周的机器人和编程课程后，其图片故事排序技能有显著提高（Kazakoff, Sullivan & Bers, 2013）。目前，我们正在通过功能性磁共振成像技术探索这样一个假设：进行编程活动与进行语言的理解和表达有相似之处（Fedorenko et al., 2019; Ivanova et al., 2019）。我们致力于了解计算机科学学习和计算思维发展的认知与神经基础。

迄今为止，尚缺乏针对这一跨学科问题的研究。美国正在推进在教育中引入计算机科学的相关政策决议，但我们缺乏做出明智选择所需的基础研究证据。例如，截至本书第二版出版之日，47 个州和哥伦比亚特区制定了相关政策，允许计算机科学在高中被计入数学或科学学分，而且这一数字还在上升；只有 3 个州（得克萨斯、佐治亚和俄克拉何马）批准了允许计算机科学满足外语学科要求的政策。对于计算机科学在学校课程中到底应该扮演什么角色，一直存在争论，而基础研究必须为其提供依据。在这方面，对于“解决问题”和“表达”之间的平衡仍然没有定论。

计算思维和编程

计算机专业人员和教育工作者有责任让所有学科的思考者都能接触计算思维（Guzdial, 2008）。如果编程与语言、表达的联系比现在更多，这一任务就可以轻松完成。此外，过去几年里，人们将STEM与艺术相结合的热情日益高涨。STEAM（科学、技术、工程、艺术和数学）运动最初由罗得岛设计学院发起，但现在已被学校、企业和个人广泛采纳（Rhode Island School of Design, 2016; Yakman, 2008）。将艺术添加到计算机编程和工程等STEM学科中，可以注入创造和创新的机会，从而提升学生的学习效果（Robelen, 2011）。STEAM不仅包括视觉艺术，还包括广泛的人文学科，包括文学艺术、语言艺术、社会研究、音乐、文化等（Maguth, 2012）。

研究发现，日常生活中有许多“非学业性”活动可以训练计算思维技能（Wing, 2008; Yadav, 2011）。这些日常活动利用了计算机科学故障排除会用到的问题解决方法，但不需要编程。周以真（Wing，2008）给出了一系列例子，包括做饭（使用“并行处理”管理在不同温度、不同时间烹饪的不同类型的食物），或者在字母表中查找名字（线性，从列表的开头开始；二进制，从列表的中间开始）。

最近，有很多不插电游戏被开发出来，并且越来越受欢迎。2013年发布的“机器人乌龟”（Robot Turtles）（Shapiro, 2015）专为3—8岁的儿童设计，让他们在玩传统的回合制棋盘游戏时开始以计算思维进行思考。在没有编程语言甚至没有计算机的情况下，年幼的玩家怎么用计算思维进行思考呢？在“机器人乌龟”中，玩家会使用各种“障碍物卡片”（如木箱、冰墙和石墙）在棋盘上创建迷宫，乌龟要走完这个迷宫才能获得宝石。每个玩家把自己的乌龟放在棋盘的一角，宝石则放在迷宫中的某个位置。轮到自己的时候，一次用一张“指令卡片”（如右转、左转和前进）来引导乌龟绕开障碍；成人则扮演“计算机”的角色，确保儿童的行动与他们所选的指令卡片一致。他们拿到宝石就赢了。无论在任何时候犯了错误，只需点击“故障卡片”（画有一只古怪虫子的卡通形象，代表程序中的故障或问题）来修复并进行更改（见图7.2）。每个玩家都在努力拿到自己的宝石，都可以找到自己的获胜方式。事实上，实现目标并成功解决问题可以有多种途径。

图 7.2　四人游戏中的机器人乌龟

儿童在玩这个游戏时接触到的“强大思想”，如排序和调试，将一个大问题分解成小步骤，计划和测试一个策略，都触及了计算思维的核心。我在塔夫茨大学技术与儿童发展研究小组的工作中，也使用了“低技术”（即技术元素较少）的策略来促进计算思维的发展：唱歌、跳舞、纸牌游戏、宾果游戏[①]和西蒙说。任何鼓励排序和解决问题的方法，都是发展计算思维的良好铺垫。

这类低技术或不插电的方法正在不断发展。许多人声称，在与年幼儿童一起工作时，没有必要让他们进行编程，因为计算思维可以通过蕴含排序和解决问题的活动来发展（如 Bell, Witten & Fellows, 1998）。我不同意这种观点。如果计算思维不仅是解决问题的过程，也是表达和创造的过程，那么我们需要提供能够创造外显作品的工具。我们需要一种表达的语言。编程语言是计算思维的工具。与大多数其他工具相比，编程语言会在排除故障和调试时提供即时反馈与指导，这对计算思维至关重要。

一些软件和应用程序已被开发出来，用于支持计算思维发展。例如，“点灯机器人”（LightBot）这款评价很高的教育类电子游戏使用了走迷宫的创意

① 宾果游戏（Bingo）：一种填写格子的游戏（可填写数字、字母、图形等），在游戏中第一个成功者喊“Bingo”表示获胜，因而得名。——译者注

（Biggs, 2013; Eaton, 2014），玩家可以在屏幕上排列一系列符号命令，让机器人行走、转弯、跳跃、亮灯等。随着游戏的进行，迷宫和符号列表会变得越来越复杂。

然而，这类软件虽然能够促进计算思维的发展，并且是在计算机上运行，但它们不能像编程语言那样提供全方位的体验。它们聚焦于解决问题而非表达。它们以一种有限的方式探索计算概念，不支持创造性项目。这是游戏围栏而非游乐场。作为游戏围栏，它们能够达成某个目标（如练习技能、掌握互不关联的概念、促进技能分化），但不应该把它们与游乐场及其开放式的机会相混淆。

编程语言可以成为儿童编写程序的游乐场。如果以具有发展适宜性的方式设计活动，儿童就能以游戏性的方式编程。在这个过程中，他们的计算思维会得到发展。但是，他们需要学习编程语言的语法和句法，才能让自己的编程变得流利。就像用西班牙语、英语或希伯来语写作，选择哪种语言并不重要，重要的是流利地使用语言并用它进行自我表达和交流。同样，当一个人的编程语言达到流利程度时，它就可以支持自我表达和交流。只有在多次努力解决问题之后，技术流利度才能得到提高。我认为，解决问题不是教授编程语言或发展计算思维的目的，它只是一个必要的步骤，以便其他人看到和理解我们是谁以及我们在做什么。

当然，在儿童早期，编程语言的教学可以辅以其他的策略和活动作为启蒙。正如我们在上一章中所提到的，“编程作为另一种语言”课程利用许多低技术的材料以及唱歌、表演、绘画等方式让儿童参与计算思维。尽管如此，我坚信，如果想让任何年龄的儿童都充分发挥计算思维的潜力，我们就必须为他们提供编写程序的机会。我们能够在不知道如何读、写的情况下用文本的方式思考吗？没有这些技能，我们能变成有文化的人吗？我不能苟同。我们必须从儿童早期开始学习编程，就像我们从小就开始学习阅读和写作一样。

我的学术生涯致力于理解编程这种读写能力，因此我一直在思考如何设计适合年幼儿童发展需求的游乐场式体验。通过技术与儿童发展研究小组的研究，我们已经证实，使用 KIBO 和 ScratchJr 等工具进行编程可以让年幼儿童练习排序、逻辑推理和问题解决等技能（Kazakoff, Sullivan & Bers, 2013; Portelance & Bers, 2015; Sullivan & Bers, 2016）。我们已经看到，从幼儿园开始学习机器人编程，能显著提高儿童对图片故事进行逻辑排序的能力（Kazakoff, Sullivan & Bers,

2013）。我们的研究结果与其他研究一致：学习计算机编程和计算思维可以对反思、发散思维以及认知、社会性和情感等技能的发展产生积极影响（Clements & Gullo, 1984; Clements & Meredith, 1992; Flannery & Bers, 2013）。

游乐场式的编程是可行的，并且能促进计算思维的发展。然而，编程语言（参见第十三章）和学习环境（参见第十四章）的设计需要适合儿童的发展。游乐场式的编程方法通过让儿童创建对个人有意义的项目，使他们有机会接触复杂的概念体系（按逻辑组织，并运用抽象和表征），以及将这些强大思想付诸实践的技能和思维习惯。下一章将探讨儿童早期编程课程中的强大思想。

参考文献

Allan, W., Coulter, B., Denner, J., Erickson, J., Lee, I., Malyn-Smith, J. & Martin, F. (2010). Computational thinking for youth. *White Paper for the National Science Foundation's Innovative Technology Experiences for Students and Teachers (ITEST) Small Working Group on Computational Thinking (CT).*

Barr, D., Harrison, J. & Conery, L. (2011). Computational thinking: A digital age skill for everyone. *Learning & Leading with Technology*, *38*(6), 20–23.

Barr, V. & Stephenson, C. (2011). Bringing computational thinking to K-12: What is involved and what is the role of the computer science education community? *ACM Inroads*, *2*(1), 48–54.

Bell, T. C., Witten, I. H. & Fellows, M. R. (1998). Computer science unplugged: Off-line activities and games for all ages. Computer Science Unplugged.

Bers, M. U. (2008). *Blocks to robots: Learning with technology in the early childhood classroom*. New York, NY: Teachers College Press.

Bers, M. U. (2010). The tangible K robotics program: Applied computational thinking for young children. *Early Childhood Research and Practice*, *12*(2), 1–20.

Biggs, J. (2013, June 26). Light-bot teaches computer science with a cute little robot and some symbol-based programming.

Brennan, K. & Resnick, M. (2012). New frameworks for studying and assessing the development of computational thinking. In *Proceedings of the 2012 Annual Meeting of the American Educational Research Association*. Vancouver, Canada.

Clements, D. H. & Gullo, D. F. (1984). Effects of computer programming on young children's cognition. *Journal of Educational Psychology*, *76*(6), 1051–1058.

Clements, D. H. & Meredith, J. S. (1992). *Research on logo: Effects and efficacy*.

Computer Science Teachers Association. (2020). *Standards for Computer Science Teachers*.

Eaton, K. (2014, August 27). Programming apps teach the basics of code. *The New York Times*.

Fedorenko, E., Ivanova, A., Dhamala, R. & Bers, M. U. (2019). The language of programming: A cognitive perspective. *Trends in Cognitive Sciences*, *23*(7), 525–528.

Flannery, L. P. & Bers, M. U. (2013). Let's dance the "robot hokey-pokey!" : Children's programming approaches and achievement throughout early cognitive development. *Journal of Research on Technology in Education*, *46*(1), 81–101.

Grover, S. & Pea, R. (2013). Computational thinking in K-12: A review of the state of the field. *Educational Researcher*, *42*(1), 38–43.

Guzdial, M. (2008). Paving the way for computational thinking. *Communications of the ACM*, *51*(8), 25–27.

Ivanova, A., Srikant, S., Sueoka, Y., Kean, H., Dhamala, R., O'Reilly, U. M., Bers, M. U. & Fedorenko, E. (2019, October). The neural basis of program comprehension. *Poster session presented at the Society for Neuroscience 2019*, Chicago, IL.

Ivanova, A., Srikant, S., Sueoka, Y., Kean, H. H., Dhamala, R., O'Reilly, U-M., Bers, M. U. & Fedorenko, E. (2020). Comprehension of computer code relies primarily on domain-general executive resources. *BioRxiv*.

Kamenetz, A. (2015, December 11). *Engage kids with coding by letting them design, create, and tell stories*.

Kazakoff, E. R. & Bers, M. U. (2011, April). The impact of computer programming on sequencing ability in early childhood. *Paper presented at American Educational Research Association Conference(AERA)*, New Orleans, LA.

Kazakoff, E. R. & Bers, M. U. (2014). Put your robot in, put your robot out:

Sequencing through programming robots in early childhood. *Journal of Educational Computing Research*, *50*(4), 553–573.

Kazakoff, E. R., Sullivan, A. L. & Bers, M. U. (2013). The effect of a classroom-based intensive robotics and programming workshop on sequencing ability in early childhood. *Early Childhood Education Journal*, *41*(4), 245–255.

Lee, I., Martin, F., Denner, J., Coulter, B., Allan, W., Erickson, J., Malyn-Smith, J. & Werner, L. (2011). Computational thinking for youth in practice. *ACM Inroads*, *2*(1), 32–37.

Maguth, B. (2012). In defense of the social studies: Social studies programs in STEM education. *Social Studies Research and Practice*, *7*(2), 65–90.

National Research Council. (2010). *Report of a workshop on the scope and nature of computational thinking*. Washington, DC: National Academies Press.

Papert, S. (1980). *Mindstorms: Children, computers and powerful ideas*. New York, NY: Basic Books.

Perlis, A. J. (1962). The computer in the university. In M. Greenberger (Ed.), *Computers and the world of the future* (pp. 180–219). Cambridge, MA: MIT Press.

Perlis, A. J. (1982). Epigrams on programming. *SigPlan Notices*, *17*(9), 7–13.

Portelance, D. J. & Bers, M. U. (2015). Code and tell: Assessing young children's learning of computational thinking using peer video interviews with ScratchJr. In *Proceedings of the 14th International Conference on Interaction Design and Children (IDC '15)* (pp. 271–274). Boston, MA: ACM.

Relkin, E. (2018). Assessing young children's computational thinking abilities (Master's thesis). Tufts University, Medford, MA.

Relkin, E. & Bers, M. U. (2019). Designing an assessment of computational thinking abilities for young children. In L. E. Cohen & S. Waite-Stupiansky (Eds.), *STEM for early childhood learners: How science, technology, engineering and mathematics strengthen learning* (pp. 85–98). New York, NY: Routledge.

Rhode Island School of Design. (2016). Public engagement: Support for STEAM.

Robelen, E. W. (2011). STEAM: Experts make case for adding arts to STEM. *Education Week*, *31*(13), 8.

Shapiro, D. (2015). *Hot seat: The startup CEO guidebook.* Sebastopol, CA: O'Reilly Media, Inc.

Shute, V. J., Sun, C. & Asbell-Clarke, J. (2017). Demystifying computational thinking. *Educational Research Review*, *22*, 142–158.

Solomon, J. (2005). Programming as a second language. *Learning & Leading with Technology*, *32*(4), 34–39.

Sullivan, A. L. & Bers, M. U. (2016). Robotics in the early childhood classroom: Learning outcomes from an 8-week robotics curriculum in prekindergarten through second grade. *International Journal of Technology and Design Education*, *26*(1), 3–20.

Wilson, C., Sudol, L. A., Stephenson, C. & Stehlik, M. (2010). *Running on empty: The failure to teach K-12 computer science in the digital age.* New York, NY: The Association for Computing Machinery and the Computer Science Teachers Association.

Wing, J. M. (2006). Computational thinking. *Communications of the ACM*, *49*(3), 33–35.

Wing, J. M. (2008). Computational thinking and thinking about computing [PowerPoint Slides].

Wing, J. M. (2011). *Research notebook: Computational thinking—What and why? The Link Magazine*, Spring. Carnegie Mellon University, Pittsburgh, PA.

Yadav, A. (2011). Computational thinking and 21st century problem solving [PowerPoint Slides].

Yakman, G. (2008). STEAM education: An overview of creating a model of integrative education. In *Pupils' Attitudes towards Technology (PATT-19) Conference: Research on Technology, Innovation, Design & Engineering Teaching*. Salt Lake City, UT.

儿童早期编程课程中的强大思想

本章重点介绍计算思维的强大思想（核心概念和技能）以及如何培养小小程序员的思维习惯。西摩·佩珀特创造了“强大思想”一词来指代一个领域（如计算机科学）中的核心概念和技能。它既对个人有用，又与其他学科相互联系，并根植于儿童长期内化的直觉知识。佩珀特强调，“强大思想”提供了新的思维方式、新的知识运用方式，以及与其他知识领域建立个人联系和认识论联系的新方式（Papert, 2000）。

虽然每种课程可能会使用特定的编程语言，如 ScratchJr 或 KIBO，但强大思想和思维习惯（如果它们确实强大的话）在使用任何语言进行编程时都应该是有用的。此外，儿童参与旨在促进计算思维发展的低技术或不插电活动时，也会接触这些思想。

计算思维包含从计算指令抽象到计算行为，并识别潜在故障的能力（Wing, 2006）。儿童早期教育面临的挑战是，需要以具有发展适宜性的方式解释强大思想，并按照幼儿园至二年级的顺序，以螺旋上升的方式引导儿童在不同的深度水平进行探索。例如，幼儿园中的算法思维侧重于线性排序，二年级时则扩展到循环。儿童会发现，在一个序列中有重复的模式。

在以编程和计算思维为重点的儿童早期课程中，有哪些强大思想？受现有计算思维课程的启发，例如谷歌于 2010 年推出的教育工作者框架和资源（Google for Education, 2010）、布伦南和雷斯尼克的 Scratch（Brennan & Resnick, 2012），以及我关于 KIBO（Sullivan & Bers, 2016）和 ScratchJr（Portelance, Strawhacker & Bers, 2016）的工作，我针对儿童早期计算机科学教育提出以下 7 种具有发展适宜性的强大思想：算法、模块化、控制结构、表征、硬件和软件、设计过程、调试。这些在大多数计算机科学标准和框架中都可以找到，尽管它们有时名称不同。在一一定义之后，我将举例说明它们是如何融入儿童早期编程课程的。

算　法

算法是为解决问题或达到最终目标而按顺序采取的一系列步骤。排序是儿童早期的一项重要技能，也是计划能力的一个组成部分，涉及把物体或动作按正确的顺序排列。例如，以合乎逻辑的方式复述故事，或把数字按顺序排成一行，就是排序。

排序技能超越了编程和计算思维。儿童一开始是对日常生活中的任务步骤进行排序，如刷牙、做三明治或遵守一日活动计划。随着儿童的成长，他们发现不同的算法可能会得到相同的结果（例如，好几条路径都可以通向学校，好几种方法都可以系鞋带），但有些算法比其他算法更高效（例如，某些通向学校的路径可能更快）。他们会根据实施的难易程度、效果和记忆存储要求等指标来评估并比较各种算法（例如，系鞋带的步骤越少越好）。

理解算法包括理解抽象（即，识别为序列中每个步骤下定义所需的相关信息）和表征（即，以适当的形式描述和组织信息）。随着不断成熟和接触不同的编程语言，儿童可能会发现一些算法是并行运行的。到了这个阶段，算法不再需要跟排序做捆绑；但是，在儿童早期教育中，把这两个概念放在一起学习会更好。

模块化

模块化是将任务或程序分解为更简单、易于管理的单元，这些单元可以组合起来构成更复杂的流程。概言之，模块化的强大思想包括细分工作和分解任务。在儿童早期，在任何需要将复杂任务分解成小任务的时候，都可以引导儿童学习分解。例如，举办生日派对可以分解为邀请客人、制作食物、布置餐桌等任务。每一项任务都可以进一步分解，例如，邀请客人包括制作请柬、把请束放进信封、在每个信封上贴邮票等。编程时，模块化有助于项目的设计和测试，可以让程序员一次专注于一件事。随着儿童年龄的增长，他们还会发现，不同的人可以同时从事项目的不同部分，然后把所有部分整合到一起。他们会学习不同的方法，从而使模块化的过程更为高效。

控制结构

控制结构决定如何在程序中执行一组指令。儿童早期可以学习顺序执行，后面逐渐学习重复函数、循环、条件、事件和嵌套结构等多种控制结构。其中，循环可用于重复指令模式，条件语句可用于跳转指令，事件可用于启动指令。

要了解控制结构，儿童需要熟悉模式；与此同时，学习如何编程可以强化模式的概念。不同的编程语言采用不同的范式来处理模式：ScratchJr 和 KIBO 使用循环来实现重复，而其他语言（如 LOGO）则使用递归函数调用。随着儿童的成熟，他们会逐渐理解这些范式之间的区别，并学会运用控制结构来支持复杂的指令执行。

控制结构为儿童理解基于条件（如变量值、分支等）做出决策的计算概念提供了一个窗口。例如，当儿童使用光传感器为 KIBO 编程时，他们可以编写一个程序来侦测是否有光，如果有，则 KIBO 会继续前进。事件则提供了一种方法，帮助儿童理解一件事导致另一件事发生的计算概念。年幼儿童会对因果关系进行广泛探索，使用这些类型的控制结构可以增进他们对因果关系的认识。

表　征

计算机以多种方式存储和操作数据。这些数据需要具有可访问性，这就引出了表征的概念。儿童很早就知道，概念可以用符号来表征。例如，字母代表发音，数字代表数量，编程指令代表行为。他们还了解到，不同类型的事物具有不同的属性，如猫有胡须，字母有大写和小写两种形式；不同类型的数据具有不同的功能，如数字可以相加，字母可以组合在一起。一些类型的数据用于构建模型（模拟），这些模型“产生”有关系统或对象如何随时间变化的信息。模拟现实世界进程的模型可用于预测。例如，天气数据用于模拟和预测风暴何时来袭。

KIBO 和 ScratchJr 使用各种颜色来表征不同类型的指令。例如，在 KIBO 中，蓝色代表动作指令，橙色代表声音指令。这些积木块放在一起，可以代表机器人要执行的一系列动作。随着成长和向更复杂的编程语言迈进，儿童会学习其他数据类型，比如变量，并懂得程序员可以创建变量来存储表征数据的值。

概念可以用符号来表征，这是儿童早期的基础知识，它与数学和读写能力密切相关。要编写程序，我们首先需要知道编程语言使用符号来表征动作。将编程语言理解为一种用于向机器传递指令（算法）的形式构造语言（formal constructed language），包括理解其表征系统，对早期读写有着重要的意义。

硬件和软件

计算系统需要兼具硬件和软件才能运行。软件负责向硬件发出指令。通常情况下，计算系统的一些硬件是可见的，如打印机、屏幕和键盘；另一些硬件则不可见，如主板等内部组件。KIBO 机器人套件则会显示这些内部组件。我们可以通过 KIBO 机身上的透明塑料外壳，看到里面的电路板（见图 8.1）。

图 8.1　KIBO 机器人透明的一面。通过这个透明面，儿童能够探索 KIBO 硬件中的电路板、电线、电池和其他“内部运作”组件

硬件和软件作为一个系统会协同工作以完成任务，如接收、处理和发送信息。一些硬件专门用于接收或输入来自编程环境的数据（如 KIBO 传感器），而另一些硬件则用于发送或输出数据至编程环境（如 KIBO 灯泡）。在理解组成部分如何影响系统运作方面，硬件和软件之间的关系变得越来越重要。此外，儿童需要明白，硬件经过编程可以执行一项任务，许多设备都可以进行编程，而不仅仅是计算机。例如，数字摄像机、汽车和手表都是可以编程的。此外，机器人是一种特殊的硬件、软件组合，包含一个由计算机程序或电子电路控制的机电设备。“机器人”一词涵盖从工业机器人到人形机器人的各种机器，它们可以执行自主确定的或预先编程的任务。

上述来自计算机科学的 5 种强大思想，算法、模块化、控制结构、表征、硬件和软件，都与儿童早期教育中的基本概念密切相关。这些概念跨越不同学科，如读写和数学、艺术和科学、工程和外语。为儿童提供机会，让他们在编写程序的同时以具有发展适宜性的方式接触这些强大思想，可以促进他们对上述这些学科的学习。可谓一举多得。

还有另外两种强大思想——设计过程和调试，它们更多地与过程、思维习惯或实践（而非概念）有关。

设计过程

设计过程是一个迭代过程，用于开发包含多个步骤的程序和有形作品（Ertas & Jones, 1996）。例如，传统上，工程设计过程包括识别问题、构思想法和开发解决方案，还可能包括与他人分享解决方案（Eggert, 2010; Ertas & Jones, 1996）。这个过程显然是开放式的，因为一个问题可能有许多可行的解决方案（Mangold & Robinson, 2013）。

对于儿童早期，我们对设计过程进行了调整并确定了一系列步骤：提问、想象、计划、创建、测试和改进、分享（见图 8.2）。设计过程是循环往复的，没有正式的起点或终点。儿童可以从任一步骤开始，在各步骤之间来回切换，或一遍又一遍地重复这个循环。

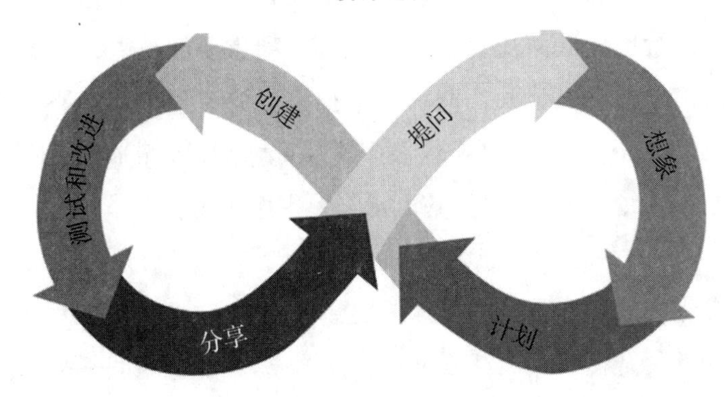

图 8.2　适用于儿童早期的简易设计过程

例如，给 KIBO 编程让它跳“变戏法”舞蹈时，一些儿童可能会在测试和改进阶段花费很长时间和自己的机器人一起唱歌跳舞，直到把程序写对。他们与朋友分享自己的程序并得到反馈后，可能会想要回到测试和改进阶段，把一些漏掉的舞蹈步骤补上。有的儿童可能会在尝试一些想法之前，在纸上或设计日志中计划“变戏法”程序的每个步骤。随着儿童对设计过程的熟悉，他们逐渐能够创建和完善自己的作品，给予和接受反馈，并通过实验和测试不断改进一个项目。这种迭代式的改进需要坚持不懈，并且与儿童执行功能的某些方面（如自我控制、计划和优先级排序以及组织）有很强的关联。由于设计过程是一个非常核心的概念，因此将在第九章中进一步探讨。

调　试

调试是为了修复程序。它需要使用测试、逻辑推理和问题解决等技能，以有意识的、逐步迭代的方式进行系统分析和评估。当程序无法按预期工作时，就要使用故障排除策略。问题有时不在于软件，而在于硬件，有时则在于两者之间的连接。例如，当儿童想让 KIBO 对声音做出反应时，他们经常抱怨机器人不工作。检查程序时，发现所有必要的积木块都在那里；然而，检查机器人时，他们意识到自己忘了安装声音传感器。他们很快就能学会检查硬件和软件。儿童一旦了解如何调试系统，就开始发展可用于各种计算系统的通用故障排除策略。随着儿童的成长，他们会认识到系统中各部分之间的相互关联，从而能够理解并执行系统的问题解决过程。调试是一项重要的技能，它类似于检查数学作业或修改文字。它也让我们明白一个很重要的道理，那就是事情并不一定尝试一次就能成功，事实上，通常需要多次反复才能得到正确的结果。

佩珀特（Papert, 1980）在《头脑风暴》一书中写道：

> 成为一名优秀的程序员，其实就是在剔出和更正“故障”方面变得非常熟练，这些“故障”是使程序无法正常运行的部分。程序不在于对错，而在于是否可以修复。如果将这种看待智力产品的方式推广到大众看待知识及其获得的态度上，我们所有人就可能都不会那么害怕“犯错”了。

在游乐场式的编程中，调试系统是儿童的乐趣之一。表 8.1 展示了本章所述的每一种强大思想与儿童早期教育中的常见主题之间的关联。

表 8.1　强大思想与儿童早期教育

强大思想	关联的儿童早期概念和技能
算法	• 排序（基础的数学和读写能力） • 按逻辑组织信息
模块化	• 将大任务分解为更小的步骤 • 编写指令 • 将一系列指令按给定的类别或模块分类，以完成更大的项目
控制结构	• 识别模式和重复 • 因果关系
表征	• 符号表征（例如，字母代表发音） • 模型
硬件和软件	• 明白“智能”产品（如汽车、计算机、平板电脑等）不是靠魔法工作的 • 识别人工设计的物品
设计过程	• 解决问题 • 坚持不懈 • 编辑 / 修订（在书写时）

续表

强大思想	关联的儿童早期概念和技能
调试	• 发现问题（检查自己的作品） • 解决问题 • 坚持不懈

我们是在活动中接触强大思想的。在编程游乐场上，指向强大思想的课程主题有足够的空间，可以将计算机编程和计算思维与其他学科相结合。这种课程是螺旋式的（Bruner, 1960, 1975），随着儿童的成熟和水平的提高，每种强大思想都会被重新学习和审视。在进行了 15 年的儿童早期编程工作之后，我的技术与儿童发展研究小组开发了一些课程，这些课程提供了以多种方式接触上述每一种强大思想的机会。每个课程单元专注于一个独特的主题，但会让儿童探索本章提到的所有强大思想。有些课程是为 KIBO 设计的，有些是为 ScratchJr 设计的（见图 8.3）。

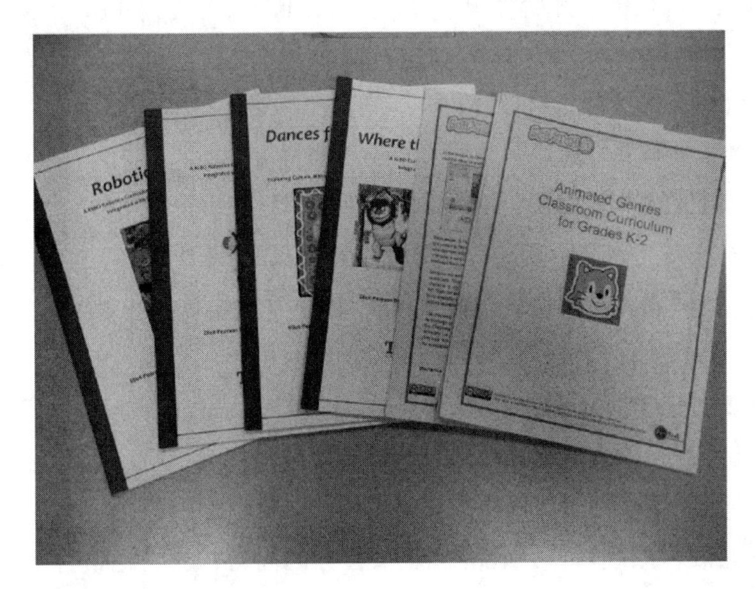

图 8.3　为 KIBO 和 ScratchJr 开发的课程示例，探索舞蹈、文化、自我认同等主题

下面的情景片段描述了一名儿童跟强大思想“调试”的相遇。梅甘 · 本尼是技术与儿童发展研究小组的一名研究生，她的论文研究的是儿童的调试，探讨了儿童在使用 KIBO 机器人调试错误程序时所使用的策略（Bennie, 2020）。

佩顿是一名 6 岁的儿童，她正在塔夫茨大学与梅甘进行一场特别的游戏。佩顿知道她将完成有趣的“调试任务”，这是一类特殊的编程游戏，玩家要努力修复常见的错误。梅甘开发这些游戏是为了研究儿童如何发现和修复 KIBO 的错误程序。当梅甘大声朗读关于“KIBO 去动物园探险”的调试任务时，佩顿兴奋地睁大了眼睛，她似乎很想帮助 KIBO。佩顿转向 KIBO 并向它保证：“别担心，KIBO，我会帮助你的！”佩顿决定先用 KIBO 扫描梅甘预先组装的原始错误程序。佩顿让梅甘帮她扫描，这样可以完成得更快些。当佩顿扫描“结束”积木块时，KIBO 发出声音并闪烁红灯。佩顿惊呼：“哦，不！KIBO 只有在它不能理解的时候才会这样。”

他们讨论着 KIBO 为什么会感到“困惑”。佩顿用手指着每个积木块，假装自己是 KIBO；梅甘把程序读给佩顿听，佩顿执行程序并成功到达了动物园。佩顿想知道，为什么她能理解梅甘读给自己的程序，但是 KIBO 在扫描程序时却不能理解。佩顿决心解决这个问题，并决定亲自一次读取一个积木块的指令。梅甘和佩顿一起点击“开始”积木块，一次一块地沿着程序移动。这是调试错误程序最常用的方法之一。佩顿通过“追踪”程序进行调试，找到了问题所在（Bennie, 2020）。佩顿的手指停留在程序的最后一个积木块上，发现后面还缺少一个积木块。佩顿开心地跑到装满 KIBO 积木的盒子前，拿起“停止重复”积木块并放到程序的最后。佩顿扫描程序时兴奋得不知所措，她相信这次能使 KIBO 成功进入动物园。当 KIBO 运行这个程序并到达动物园时，佩顿鼓掌欢呼，并转向梅甘和她击掌相庆。佩顿非常兴奋，她决定用蜡笔画出她的 KIBO 程序，等父母来接她时给他们看。

尽管佩顿把注意力集中在调试上，但计算机科学的其他强大思想也起了重要作用。例如，她使用模块化，将程序分解为多个独立的部分；她在重复循环中发现的错误，涉及控制结构的知识；第一次调试时，她考虑了这个错误是硬件问题还是软件问题。佩顿在完成调试任务的同时，流畅地整合了许多强大思想。

技术与儿童发展研究小组的齐瓦·哈森费尔德博士以不同的方式探究了调试的概念。齐瓦与一个二年级的班级合作，探索儿童如何用程序、书面语言创建和修改作文（Hassenfeld & Bers, 2020）。具体来说，她感兴趣的是儿童如何进行编辑（包括更正拼写和语法等方面的错误），以及如何进行修订（包括在作文中添加文学性或事实性的细节）。

莉拉 7 岁，她的读写能力低于二年级平均水平。她在写作上非常吃力。齐瓦正在和莉拉一起创作她的第一个故事。在创作过程中，莉拉把她的作品反复读了 3 遍，但没有进行任何编辑或修订。当她遇到挑战，比如不知道如何拼写某个单词时，她通常会向齐瓦寻求帮助。23 分钟后，莉拉向齐瓦展示了她的故事："他得到了一个乐高玩具 / 作为生日礼物 / 他把它弄好，然后他 / 和所有人一起玩 / 他得到的乐高玩具 / 他的其他礼物。"[①] 从这篇作文中，很难理解莉拉想要表达的复杂故事。莉拉还解释说，她本想为故事添加更多内容，但已经写了 23 分钟了，她就停下来了。

那周晚些时候，莉拉用 ScratchJr 创作了她的第一个编程作品。这一次，她在 3 分钟内就完成了故事的第一个场景。在选择完角色（两个分别叫"苹果"和"香蕉"的朋友，还有一辆校车）和背景（校园）之后，莉拉宣布："好了，现在我们开始编程吧！"几分钟内，她就对校车进行了编程，让它在屏幕上移动到"苹果"所在的位置。她点击"绿旗"观看和评估自己的项目，并欢呼："耶！刚刚好！"继续编写程序时，她遇到了挑战，就像之前在写作时一样。她记不清是哪种积木能让角色消失，但这次，她没有向齐瓦寻求帮助，而是尝试了几种不同的积木，通过这个调试的过程，自己找到了正确的积木。莉拉把整个程序反复看了好几遍，几乎每次她都觉得有些东西她不喜欢，于是决定继续调试和修改。过了几分钟后，她对自己的作品很满意，并与齐瓦分享。这一次，她完成了自己脑海中故事的所有部分。

莉拉努力完成整个故事，而且希望能在 ScratchJr 程序中表达自己的故事，这与她在写作文时不愿修订甚至不愿编辑形成了鲜明的对比。因为 ScratchJr 允许莉拉反复"观看"自己的程序作文，不像书面作文，她必须非常仔细地通读（这是一种不同于写作的读写技能）。所以，莉拉能够投入程序作文的修订过程中，这是她在写作书面作文时无法做到的。

这种解决问题的动机和意愿，是否会从一种创作媒介迁移到另一种创作媒介？我们能否开发出一些方法，通过聚焦计算思维的强大思想，促进文本思维

---

① 原文为："He gets a Legoset/for he birthday/he bildt it then he/playds with oul（all）/he（his）Legoset he gets/he othr presnt."其中有许多拼写和语法错误。——译者注

的发展呢？

如上述例子所示，探索算法、调试和控制结构等计算概念，并探讨它们与故事结构、读者意识和沟通工具等读写概念的相似之处，可以帮助儿童以新的方式理解计算机科学和读写能力。强大思想的概念让我们能够设计这样的课程，其中算法与故事排序相关联，调试与修订相关联，控制结构与故事讲述中的因果关系相关联。写作和编程都被当作儿童自我表达和创造性交流的工具。

参考文献

Bennie, M. (2020). Thinking strategically, acting tactically: The emotional decisions behind the cognitive process of debugging in early childhood (Master's thesis). Tufts University, Medford, MA.

Brennan, K. & Resnick, M. (2012). New frameworks for studying and assessing the development of computational thinking. In *Proceedings of the 2012 Annual Meeting of the American Educational Research Association*. Vancouver, Canada.

Bruner, J. S. (1960). *The process of education*. Cambridge, MA: Harvard University Press.

Bruner, J. S. (1975). Entry into early language: A spiral curriculum. The Charles Gittins memorial lecture delivered at the University College of Swansea on March 13, 1975. University College of Swansea.

Eggert, R. (2010). *Engineering design* (2nd ed.). Meridian, ID: High Peak Press.

Ertas, A. & Jones, J. (1996). *The engineering design process* (2nd ed.). New York, NY: John Wiley & Sons, Inc.

Google for Education. (2010). *Exploring computational thinking*.

Hassenfeld, Z. R. & Bers, M. U. (2020). Debugging the writing process: Lessons from a comparison of students' coding and writing practices. *The Reading Teacher*, *73*(6), 735–746.

Mangold, J. & Robinson, S. (2013). The engineering design process as a problem solving and learning tool in K-12 classrooms. In *Proceedings of the 120th ASEE*

Annual Conference and Exposition. Georgia World Congress Center, Atlanta, GA.

Papert, S. (1980). *Mindstorms: Children, Computers and Powerful Ideas*. New York, NY: Basic Books.

Papert, S. (2000). What's the big idea? Toward a pedagogy of idea power. *IBM Systems Journal*, *39*(3–4), 720–729.

Portelance, D. J., Strawhacker, A. L. & Bers, M. U. (2016). Constructing the ScratchJr programming language in the early childhood classroom. *International Journal of Technology and Design Education*, *26*(4), 489–504.

Sullivan, A. L. & Bers, M. U. (2016). Robotics in the early childhood classroom: Learning outcomes from an 8-week robotics curriculum in prekindergarten through second grade. *International Journal of Technology and Design Education*, *26*(1), 3–20.

Wing, J. M. (2006). Computational thinking. *Communications of the ACM*, *49*(3), 33–35.

第九章 儿童编程中的设计过程

5 岁的杰米正在研制一个可以帮她打扫房间的 KIBO 机器人。杰米房间凌乱，地板上到处都是玩具。她不喜欢妈妈督促她打扫房间，所以她向自己提出问题：怎样才能让 KIBO 帮助我？然后她继续想象可能的不同方法。例如，她可以给 KIBO 编程，让它在每次碰到地板上的玩具时发出哔声，提醒她把玩具捡起来；或者，更棒的是，她可以用乐高积木做一个犁，把它安装在 KIBO 上，然后通过编程让它捡起玩具。她也可以只是让 KIBO 到处乱跑，把它遇到的任何玩具都推到一边。

有很多可能的方法，有些还非常复杂。杰米需要制订计划并选择一种方法。她花了一些时间来做决定，最后，她综合了自己的想法：让 KIBO 向前走然后向右转，无限循环这个动作；当它遇到阻挡其光线的物体时（通过光传感器进行感应），会发出哔声；然后，她会在 KIBO 的前面安装一个犁，操纵它把玩具捡起来。

现在，有趣的部分开始了。杰米已经准备好创建她的项目。开始工作后，她遇到了许多挑战。有时，她能够自己解决问题；有时，它们是如此困难，以至于她不得不选择改变计划。她一边给 KIBO 编程和建造犁，一边对它进行测试。总是有很多地方需要改进。她没有放弃，她真的希望她的项目能成功。在花了将近一个小时后，她认为 KIBO 清洁机器人准备好了，于是喊妈妈过来看，分享这个辛勤工作的成果。

杰米的妈妈非常惊讶。她看着杰米的 KIBO 清洁机器人穿过房间，撞到家具和玩具，有时停下来，有时不停下来，有时发出哔声，有时没有，有时还卡在地板上的袜子和衣服下面（见图 9.1）。她还看到杰米跟在 KIBO 后面，当 KIBO 碰到玩具并停下来发出哔声时，杰米就会弯腰用乐高积木做的犁捡起玩具。妈妈不敢相信，女儿在这个项目上投入了这么多的时间和精力。这当然比自己捡玩具更费时间，但杰米的妈妈为女儿感到骄傲。她知道，这不是要评价KIBO作为清洁机器人的表现，而是要支持女儿的创造力。

图9.1　杰米的KIBO清洁机器人，可以在房间里穿行，用乐高犁把东西推开，把它们清理干净

在杰米进行她的项目时，她经历了我们认为对儿童早期具有发展适宜性的设计过程的6个步骤：提出问题、想象解决方案、制订计划、创建原型、测试和改进，以及与他人分享。尽管杰米似乎有序、有条理地完成了每一步，但具体过程却显得很混乱。她在各个步骤之间来回切换，在测试时提出新问题，在制造机器人时想象新的解决方案。

本章介绍儿童编程中的设计过程。设计过程开始于提出一个可以催生想法的问题，结束于创建一个可以与他人分享的最终项目。设计过程使计算思维变得可见：编程成为表达和交流的工具。当使用机器人进行编程时，就像杰米的故事一样，我们可以发现它的设计过程与工程设计过程有着相似之处。根据美国各州和全国的框架（如ISTE，2016；Massachusetts Department of Elementary and Secondary Education，2016），从学前班开始，美国的每名儿童都应该学习工程设计方面的知识。我在塔夫茨大学工程教育与推广中心的朋友一直是将这些想法带到世界各地的先驱，并致力于改善学前班至大学的工程教育。他们还与乐高等多家公司合作，致力于开发工程教具。他们着重研究儿童和成人如何学习并应用工程设计的概念与流程。2003 年，我在波士顿科学博物馆的同事发起了全国性的“工程是基础”（Engineering is Elementary）项目，成功地向有兴趣将工程设计引入学校的教师传播了知识和创造性资源。

工程设计过程是工程师在创建功能性产品和过程时使用的一系列有序的步骤。这个过程是高度迭代的，在继续前进之前，每个步骤通常需要重复很多次。此外，在每个阶段都有要做出的决定、要解决的挑战和要应对的挫折。马萨诸塞州的框架将这个过程改编为 8 个步骤，适用于学前班至二年级学习者：①确定需求或工程难题；②研究需求或难题；③开发可能的解决方案；④选择最佳解决方案；⑤构建原型；⑥测试和评估解决方案；⑦沟通解决方案；⑧重新设计。正如在前一章中看到的，我的技术与儿童发展研究小组进一步修改了该过程，使其对儿童更具发展适宜性。修改后，只有 6 个容易让儿童记住的步骤，并且从提出问题开始，而不一定是确定工程难题。前几年，我们将设计过程用一个循环图（见图 9.2）表示；但我们发现，一些教师倾向于认为，该过程进行完一次，工作就完成了。他们很难理解，设计过程和大多数过程一样，需要多

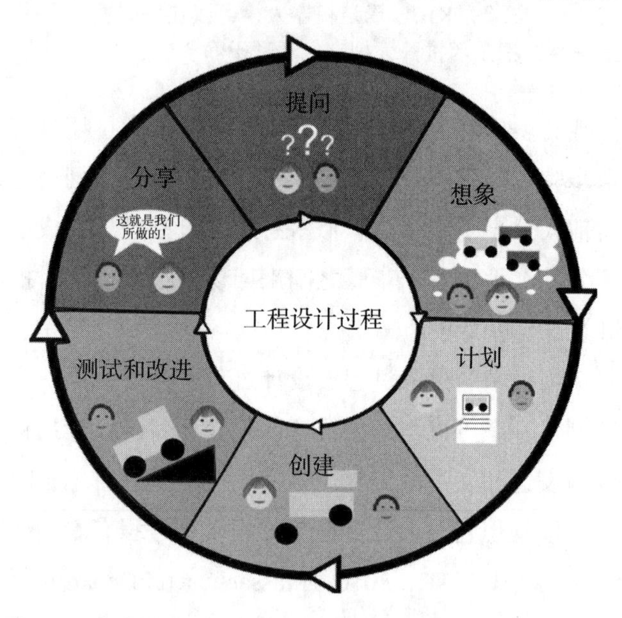

图 9.2　循环的设计过程（技术与儿童发展研究小组 2018 年及以前使用）

次迭代。因此，我们决定将循环修改为无限循环（见图 9.3）。这张图直观地告诉人们，设计工作没有明确的起点或终点。这样，使用这个循环流程的成人和儿童在开始、结束的步骤上就有了更大的灵活性，并能够更持久地实施设计过程来完成他们的任务。

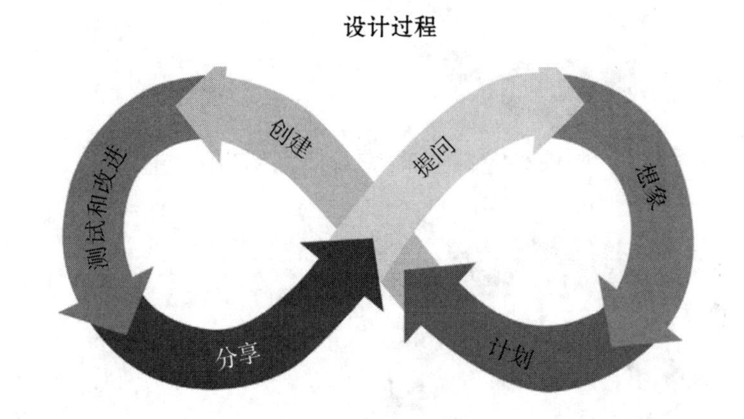

图 9.3 无限循环的设计过程（技术与儿童发展研究小组 2019 年及以后使用）

与工程设计过程一样，计算设计过程为儿童提供了另一种系统思考的工具。二者的主要区别在于活动目的。工程设计过程侧重于解决问题和解决方案（第一步是确定工程难题，最后几步之一是沟通解决方案），而计算设计过程开始于想象和好奇（即提出问题），结束于社区情境中对作品的自豪感和主人翁意识（即分享）（Bers, 2019a, 2019b）。

就像工程设计过程、科学探究过程（见图 9.4）和写作过程（见图 9.5）一样，计算设计过程也存在一些有序的步骤。虽然有顺序存在，但各个步骤是相互关联的，实践中可能会在多个步骤之间循环往复。设计是一项复杂的活动，虽然设计过程为活动的组织提供了框架，但在实践中不可能按部就班地套用。

然而，所有这些过程都是从已有知识（如科学领域的内容知识，工程领域关于需求或难题的知识）开始，并在寻找（科学领域的）其他知识、（工程领域的）解决方案或（计算机科学领域的）项目的过程中逐渐变得更加具体；同样，写作过程也是从已有知识（我们的想法或纸上的数据）开始，随着我们以迭代的方式撰写、修订和编辑草稿，逐渐变得更加具体，最终形成与读者分享的最终作品（见图 9.6）。

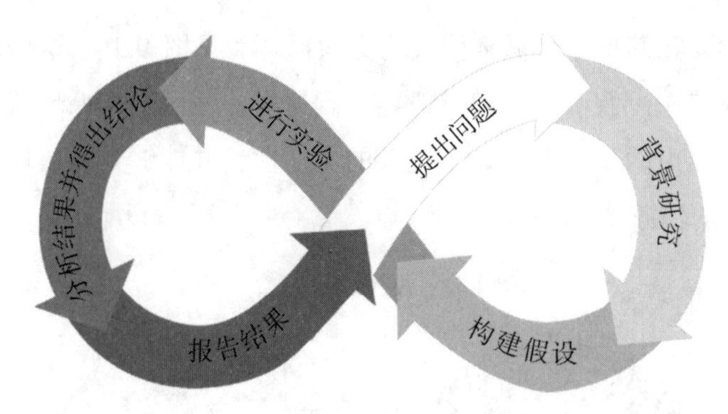

图 9.4　科学探究过程的无限循环

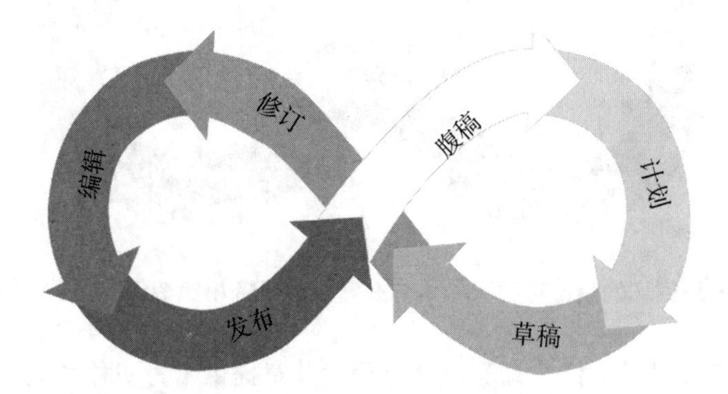

图 9.5　写作过程的无限循环

图 9.6　设计过程与科学探究过程和写作过程有相似之处。设计过程从已有的知识和问题开始，构建和改进设计；科学探究过程和写作过程遵循同样的方法，即在已有认知的基础上创造和改进新事物

通常，当谈论这些过程之间的相似之处，比如背景知识、技能、创造、产出、迭代和沟通时，很多人会联系到自己在日常工作中使用的流程。例如，在与企业家讨论时，他们中的许多人向我展示了这些过程与创建商业计划的相似之处；在与营销专家聊天时，他们经常分享制定营销策略的经验；教育工作者发现，开发课程的过程和软件开发人员编写程序的过程有相似之处；建筑师、园艺师、艺术家、作家、演员、作曲家、承包商、机械师——这些从事创作的专业人士都会经历设计过程。

我们生活在一个由各种事物构成的世界。因此，在儿童早期探索创作这些事物的过程，是至关重要的。我在 ScratchJr 项目中的同事和合作者雷斯尼克（Resnick, 2001）写道：

> 创作新事物和在头脑中创造新想法之间有着持续的相互作用。当你创作新事物并从他人（和自己）那里获得反馈后，你可以更改、修正和改进你的想法。基于这些新想法，你会受到启发去创作更多的新事物。这个过程持续不断，创作和学习在一个永无止境的螺旋中相互加强。这种螺旋是儿童早期学习方法的核心，也是创作过程的核心。当儿童用积木建塔或者创作手指画时，他们会产生新的有关塔或画面的灵感。而且，随着时间的推移，他们会发展出对创作过程本身的直觉。

雷斯尼克将这一过程称为“创造性思维螺旋”（Resnick, 2008），这是一个循环往复地强化创造性思维的迭代过程。正如前面讨论的其他过程一样，雷斯尼克区分了不同的步骤（即想象、创作、游戏、分享和反思），但强调游戏和解决问题会同时进行。儿童经历创造性思维螺旋时，会逐渐学会发展自己的想法，尝试这些想法，测试边界，试验替代方案，并交流自己的作品。

小小设计师

小孩子有大想法。但这些大想法很难在他们可以独立完成的项目中实现，这就构成了挑战。一方面，我们希望帮助他们跟随自己的想法并提出一些大问题，但又不希望他们在意识到（在计划阶段）需要将想法精简为一项可掌控的工作后感到沮丧。另一方面，我们不想阻碍他们的创造力，也不想保护他们免于失败。我们从失败中学习，在迭代中学习。

在应对这一挑战时，“设计过程”的核心思想就派上用场了。我们会与儿童一起找出他们可以用简洁的语言轻松描述的问题。我们会让他们参与研究，以了解大问题和与之相关的小问题。我们会集思广益，讨论解决这个问题的各种可能的方法，并帮助他们权衡利弊。我们会指导他们选择最可行的解决方案，并鼓励他们计划如何实施。

对于大多数年幼的儿童来说，计划并不容易，因此我们会使用不同的工具（如设计日志或同伴访谈）来引导他们完成。我们会为他们提供创建原型的工具。一旦完成创建，他们会自己测试。我们会鼓励他们走出舒适区，与他人一起进行测试。这会揭示出要解决的新问题，因为其他儿童探索和玩耍的方式与创建原型的儿童不同。儿童会发现，这些最初原型有很多问题。我们会提供对其进行改进所需的时间、空间、资源和支持。我们珍视基于反馈进行多次迭代的问题解决过程。最后，他们会觉得已经准备好与他人分享。这是一项困难的工作。学习确实是困难的。

艾伦·凯（Alan Kay）是开发个人计算机的先驱。她创造了“困难之趣”（hard fun）一词来描述因既有趣又有挑战性而让人着迷的活动。在编程游乐场上，我们为儿童提供享受“困难之趣”的机会，并为儿童应对挫折提供支持。他们都是非常年幼的孩子，有些还处于“发脾气阶段”。有些教师会建立一种文化：第一次就成功是很罕见的，如果成功了，就表明儿童没有充分地挑战自己。有些教师则会提醒，一个项目在成功之前可能会失败一百次，失败是不可避免的事情。这些做法创造了一个安全的学习环境。失败会发生在每个人身上，我们都在从失败中学习。这些年来，我见过一些非常好的教师会在失败以后发出笑声，就像儿童在游乐场上因为犯错而发笑一样，他们发现了自己在课堂上所犯错误中的滑稽之处。根据我的经验，让儿童感到快乐，并营造一个能经常听到笑声的环境，是帮助他们应对使用技术的挫折的最佳方法之一（Bers, 2008）。

设计师的工具

我们如何在设计过程中为年幼儿童提供支架？多年来，技术与儿童发展研究小组运用各种策略来指导儿童完成不同的步骤（如 Bers, González-González & Belén Armas-Torres, 2019; Elkin, Sullivan & Bers, 2018; Govind, Relkin & Bers, 2020）。但是，我们必须很小心，我们不想剥夺儿童探索设计过程的乐趣。编程是一个游乐场。如果设计过程过于刻板，游戏性就可能会消失。我们会给儿童一本设计日志，并制定课堂常规，让他们有机会谈论自己的想法。我们会在设计过程的早期阶段预留时间，回答儿童有关其项目实施的问题。我们还会邀请儿童通过录制视频的方式就他们的项目相互进行访谈，并讨论项目进行过程中遇到的挑战。我们会让儿童记录设计过程。有时，我们会将这些视频和资料作为儿童档案袋的一部分，与家长分享。

设计日志和视频访谈能让儿童了解自己的想法以及项目的进展和演变。对于家长和教育工作者来说，也是如此。然而，儿童并不总是欢迎设计日志，因为这是一种把系统性强加于儿童的方法，而且有些儿童也不喜欢计划。这些儿童可能属于特克尔和佩珀特（Turkle & Papert, 1992）称为修补匠和油漆匠的学习者，他们在使用材料时会与材料进行对话和协商。他们的想法是在设计、构建和编程的过程之中（而非之前）产生的。正如特克尔和佩珀特所说，"油漆匠就像画家——站在画笔之间，看着画布，凝视之后才会决定下一步要做什么"（Turkle & Papert, 1992）。

编程游乐场的方法支持不同的学习风格和设计风格。有些儿童想要也需要计划；有些儿童则喜欢自下而上地工作，在摆弄材料的过程中想出点子。修补匠和规划师相辅相成，也可以相互学习。然而，强化设计过程的概念，分解创作某些东西时的主要任务，仍是有价值的。过程和结果一样重要。当我们要求儿童分享他们的项目时，我们会提醒他们：我们希望看到程序，而不仅仅是最终作品；希望他们告诉我们，这个作品是如何诞生的。就像在儿童早期教育的任何领域一样，我们希望他们展示自己的工作，包括学习过程中经历的成功和失败。

我在《从积木到机器人》（Bers, 2008）一书中提出，让设计过程可见，会引出“教育契机”——当儿童分享一个无法工作的原型或失败的策略时。“教育契机”为调试提供了绝佳的机会。调试是发现和排除故障的有序过程，是我们第八章讨论的强大思想之一。

按需学习

7 岁的马里奥正在开发一款 ScratchJr 游戏。他创造了一群小飞猪，它们撞到太阳时就会爆炸。马里奥使用了两个页面，第一个页面是 5 只小猪在天上飞（见图 9.7），第二个页面是明亮的太阳。马里奥无法让小飞猪进入第二个页面。在技术圈时间，他分享了这个无法运行的程序，并向同伴描述了问题。很快，他就对如何解决（或“调试”）这个问题有了想法。

图 9.7　马里奥的 ScratchJr 程序的第一次迭代，其中包含 5 只会飞的小猪。马里奥希望小飞猪们能从第一页飞到下一页并在飞近太阳时产生爆炸的效果，但他还没有学会“切换至页面”这种结束积木

技术圈可按需提供技术信息。它基于儿童的新需求，提供了一种替代传统讲授式教学的方法。这种方法培育了一个支持同伴互动的学习共同体，支持在课堂文化中发展不同的角色和参与形式。技术圈可以在项目开始阶段每 20 分钟进行一次，也可以只在每天工作结束时进行一次，这取决于儿童的需求以及教

师引入新概念或强化旧概念的需求。

技术圈的挑战在于，儿童经常会问一些连教师也没有准备好该怎么回答的问题。这是一个很好的机会，可以模拟程序员在不知道答案时如何进行工作。教师可以先坦承自己的知识不足，说“嗯，我不确定。让我们试试！”，也可以询问儿童是否有人知道答案。如果这两种方法都不起作用，那么教师可以向儿童保证，他会通过询问专家或搜索网络找到答案，下次带回来（Bers, 2008）。

搜寻信息、解决问题以及学习如何寻求帮助和资源，是信息技术行业的工作人员（以及大多数其他行业的工作人员）每天都在进行的重要活动。设计过程让儿童能够参与从产生想法到分享项目的整个过程，为儿童建立良好的终身学习习惯提供了机会。这个过程也发展了儿童的情感资源，以后他们可以将其应用于生活的各个领域。下一章将探讨编程对促进个人成长的作用。

参考文献

Bers, M. U. (2008). *Blocks to robots: Learning with technology in the early childhood classroom*. New York, NY: Teachers College Press.

Bers, M. U., González-González, M. & Belén Armas-Torres, M. (2019). Coding as a playground: Promoting positive learning experiences in childhood classrooms. *Computers & Education: An International Journal*, *138*, 130–145.

Bers, M. U. (2019a). Coding as another language: A pedagogical approach for teaching computer science in early childhood. *Journal of Computers in Education*, *6*(4), 499–528.

Bers, M. U. (2019b). Coding as another language. In C. Donohue (Ed.), *Exploring key issues in early childhood and technology: Evolving perspectives and innovative approaches* (pp. 63–70). New York, NY: Routledge.

Elkin, M., Sullivan, A. L. & Bers, M. U. (2018). Books, butterflies, and ‘bots: Integrating engineering and robotics into early childhood curricula. In L. English & T. Moore (Eds.), *Early engineering learning* (pp. 225–248). Singapore: Springer.

Govind, M., Relkin, E. & Bers, M. U. (2020). Engaging children and parents to code together using the ScratchJr app. *Visitor Studies*, *23*(1), 46–65.

International Society for Technology in Education (ISTE). (2016). *ISTE Standards: For students*.

Massachusetts Department of Elementary and Secondary Education. (2016). *Massachusetts science and technology/engineering curriculum framework*. Malden, MA: Massachusetts Department of Elementary and Secondary Education.

Resnick, M. (2001). Lifelong kindergarten. *Presentation delivered at the Annual Symposium of the Forum for the Future of Higher Education*, Aspen, Colorado.

Resnick, M. (2008). Sowing the seeds for a more creative society. *Learning & Leading with Technology*, *35*(4), 18–22.

Turkle, S. & Papert, S. (1992). Epistemological pluralism and the revaluation of the concrete. *Journal of Mathematical Behavior*, *11*(1), 3–33.

第十章 通过编程实现个人成长

布兰登已经在他的 KIBO 机器人项目上奋战了至少 10 分钟。昨晚，他在家里看了一部关于非洲野生动物的纪录片；现在，他用 KIBO 创作了一头会追赶瞪羚的狮子。他想让 KIBO 沿着直线前进，但每次按下按钮，KIBO 就会转弯。布兰登很执着，不想放弃；但他又太骄傲、太害羞，不敢寻求帮助。他什么都想自己做。布兰登以前在做另一个项目时就是这样。他一直在扫描“前进”积木块，但机器人一直在转弯。他最好的朋友汤姆过来了，布兰登告诉他这个问题。他们一起又试了一次，但是 KIBO 狮子还是没向前走。汤姆很困惑，他鼓励布兰登去找老师。布兰登很害怕。他的老师加西亚夫人说过很多次：“如果你不知道怎么做一件事，先问问朋友。不要一上来就到我这里。”汤姆让他放心，他们会一起过去。

加西亚夫人微笑着，快速地看了一眼机器人。她将 KIBO 翻过来，从透明外壳中显示出来 KIBO 的两个轮子处各有一个发动机。加西亚夫人指向一个发动机上的小绿点（而另一个发动机上却没有）。布兰登立即明白了：两个发动机都需要绿点露在外面。汤姆仍然很困惑，布兰登向他解释，绿点是表示发动机运动方向的。其中一个发动机的运动方向与另一个不同，所以 KIBO 不是直线行驶而是转弯。布兰登重新组装了发动机，这次，KIBO 狮子按照他想要的方式工作了。

布兰登和汤姆不仅仅是在解决问题。他们互相帮助，一起工作，共同选择行动方式（即询问老师），并在各自的弱项上相互支持。他们表现出对彼此的同理心和情感联系。

我开发了一个名为正向技术发展的框架来描述和识别使用技术的正向行为（Bers, 2012）：协作（Collaboration）、沟通（Communication）、社区建设

（Community Building）、内容创建（Content Creation）、创造力（Creativity）和行为选择（Choices of Conduct）。这是 6 个 C，其中一些支持丰富个人内部领域的行为（内容创建、创造力和行为选择），另一些则关注人际领域并着眼于社会方面（协作、沟通和社区建设）。这些行为与个人的资本（assets，也是 6C 模型）相关，后者已被几十年的正向青少年发展（Positive Youth Development，PYD）研究所描述，这些研究观察了个人和成长所需的环境之间的动态关系（Lerner et al., 2005）（见图 10.1）。正向青少年发展的 6C 侧重于资本，而正向技术发展的 6C 侧重于行为。这 12 个 C 提供了一个框架，可以帮助我们理解如何设计和使用技术来促进正向行为，以及这些行为如何提升发展资本。当然，课堂的学习文化、常规和价值观会对应用这些行为的具体实践产生影响。

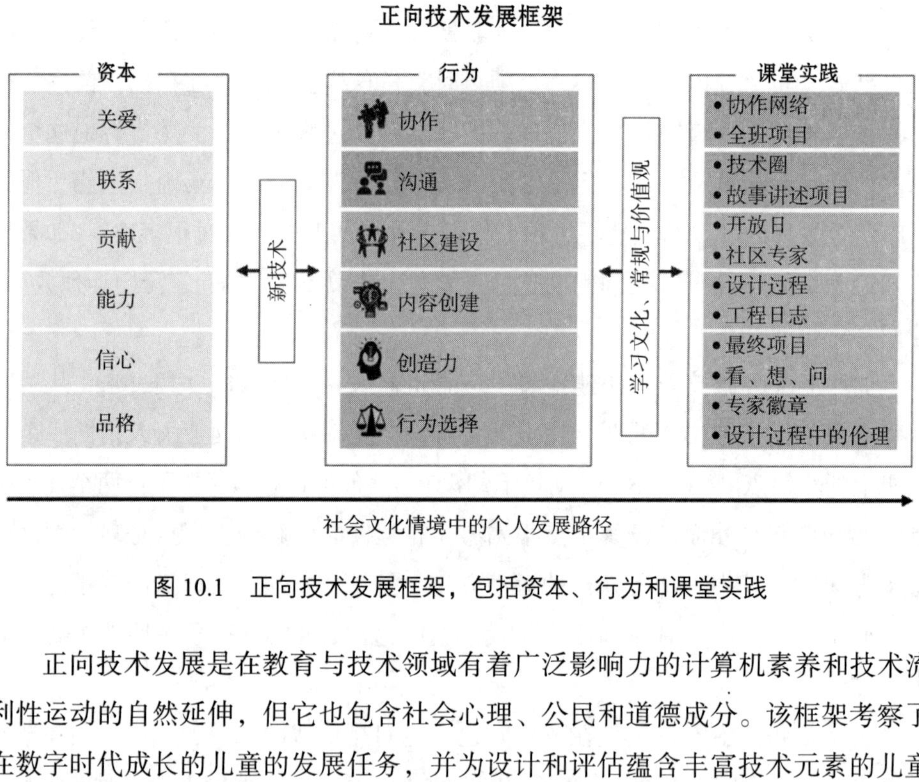

正向技术发展框架

资本	← 新技术 →	行为	← 学习文化、常规与价值观 →	课堂实践
关爱		协作		• 协作网络 • 全班项目
联系		沟通		• 技术圈 • 故事讲述项目
贡献		社区建设		• 开放日 • 社区专家
能力		内容创建		• 设计过程 • 工程日志
信心		创造力		• 最终项目 • 看、想、问
品格		行为选择		• 专家徽章 • 设计过程中的伦理

社会文化情境中的个人发展路径 →

图 10.1　正向技术发展框架，包括资本、行为和课堂实践

正向技术发展是在教育与技术领域有着广泛影响力的计算机素养和技术流利性运动的自然延伸，但它也包含社会心理、公民和道德成分。该框架考察了在数字时代成长的儿童的发展任务，并为设计和评估蕴含丰富技术元素的儿童项目提供了一个模型。以正向技术发展框架为指导的教育项目，其最终目标不只是教儿童学会编程或以计算的方式思考，还包括让他们参与正向的行为。在正向技术发展框架内，可以实现“将编程视为赋予个人能力的读写能力”的

愿景。

在上面介绍的正向技术发展框架中，环境起着重要作用。KIBO 本身并没有设计任何促进儿童相互合作的东西，秘诀在于课堂文化和课程设置：有利于儿童围绕小桌子进行交谈的环境布置，以及促使儿童互相帮助、合作活动的教师。促进协作的不是技术，而是使用该技术的学习环境。例如，如果加西亚夫人的目标是提高儿童解决问题的效率，她可能会给儿童不同于“问我之前先向朋友寻求帮助”的指导。加西亚夫人的机器人课程，目标是支持个人成长。在规划课堂常规和课程时，她会问自己：“需要促进儿童的哪些发展过程？”

这个问题遍及所有的学习领域：数学和科学、读写和社会学习、音乐和运动、编程和工程。正向技术发展框架为此提供了新的视角，使用模型以结构化的方式处理这些问题。下面，我将逐一介绍与编程和儿童相关的 6 对 C。在每个部分，我把表示正向行为的 C 与表示正向个人资本的 C 相联系：协作和关爱（Caring）、沟通和联系（Connection）、社区建设和贡献（Contribution）、内容创建和能力（Competence）、创造力和信心（Confidence）、行为选择和品格（Character）。这些 C 构成了正向技术发展框架的主干。

协作和关爱

正向技术发展框架关注以协作促进关爱，在此背景下，可将协作定义为愿意回应他人的需求、协助他人，并将技术作为帮助他人的手段。协作是两个或两个以上的人一起工作以实现其共同目标的过程。在儿童早期，这可能是一个挑战；然而，研究发现，结对或小组工作可以对学习和发展产生有益的影响，特别是在幼儿园和小学阶段（Rogoff, 1990; Topping, 1992; Wood & O’Malley, 1996）。此外，研究表明，儿童使用电脑时，即使有成人在场，他们也更倾向于向其他儿童寻求建议和帮助，从而增加了正向的社会性合作（Wartella & Jennings, 2000），而且他们也更有可能参与新形式的合作（New & Cochran, 2007）。然而，对于一个发育正常的年幼儿童来说，在一个项目中做到有效协作所需的轮流、自我控制和自我调节是十分困难的。在过去十年中，美国的幼儿教师报告说，许多儿童缺乏有效的自我调节技能（Rimm-Kaufman & Pianta, 2000）。

对于儿童的研究表明，通过编程可以有很多方法来促进同伴协作，特别是当教师仔细思考课程设计方式和儿童分组方式时。例如，最近在我的技术与儿童发展实验室进行的一项研究表明，二年级的儿童能够两两合作，对 ScratchJr 编程项目进行有效的访谈（Portelance & Bers, 2015）。还有一项研究探讨了机器人和编程活动的课程结构对儿童协作的影响，我们发现，结构化程度较低的机器人课程在促进同伴协作方面更成功（Lee, Sullivan & Bers, 2013）。

为了支持协作，我的技术与儿童发展研究小组开发了一个低技术的教学工具——“协作网络”，用来帮助儿童了解自己的协作模式（Bers，2010b）。儿童每天开始工作时，除了拿到设计日志和机器人套件，还会得到一份个性化的打印资料，页面的中央是自己的照片，周围是排成一圈的班上其他儿童的姓名和照片。一整天中，当教师提示儿童反思自己的协作时，他们可以在自己的照片和与自己进行协作的同伴的照片之间连线。协作可以定义为在项目中获得或提供帮助，一起编程，借出或借入材料，或一起完成一项共同的任务。在一周结束时，儿童可以画一张或者写一张“感谢卡”，送给与自己协作最多的同伴，表示自己非常在意对方。

理查德·勒纳（Richard Lerner）在《好少年》（*The Good Teen*）一书中回忆了祖母对关爱的定义。祖母看到他的成绩单时，她的反应是：“这很好。取得好成绩很重要，但真正重要的是做一个好人！”（Lerner，2007）她所说的“好人”不仅为自己着想，也为他人着想，关心自己周边世界以外的问题和人，善于倾听，心胸宽广，有同情心。

正向技术发展框架的目标是让儿童参与协作，努力成为“好人”。在此过程中，我们促使儿童进行编程、学习计算机科学、发展计算思维，并进行普遍意义上的学习；此外，从正向发展的角度来看，协作的目标是形成关爱关系。正如亚伯拉罕·约书亚·赫舍尔（Abraham Joshua Heschel）所说：“我年轻时崇拜聪明的人。现在我老了，我崇拜善良的人。”我的愿景是，通过编程活动促进协作，我们可以帮助儿童欣赏善良的人并表现出善良的行为。幸运的是，世界各地的专业程序员也非常重视这一点，在线团体和协作计划不断增加，而且非常活跃。

沟通和联系

游乐场上，有很多人在说话。儿童会在游戏的时候说话，在爬山的时候说话，在跑步的时候说话——游乐场不是一个安静的地方。安静的游乐场不是健康的游乐场。说话是正向技术发展框架提倡的多种沟通形式之一。我们鼓励儿童在编程时大声说话，无论是对自己还是对别人。

当儿童自言自语时，他们是在外化自己的想法和思考。当他们互相说话时，他们经常是在分享一个挑战。研究表明，儿童会从这些类型的同伴互动中受益（Rogoff, 1990）。当儿童互相说话时，他们会进入一个语言社会化的过程，在这个过程中，他们学习如何互相说话和回应（Blum-Kulka & Snow, 2002）。罗格夫（Rogoff，1990）强调了皮亚杰（Piaget，1977）的观点，即与成人的讨论对儿童认知发展的影响不如与同伴的讨论。这可能是因为成人处于优势角色会使儿童不敢自由表达想法，而与同伴的对话可以提供互惠交流的机会，这种社会互动有效促进了儿童的认知发展。这也告诉我们，在技术圈时间要提供支架，让儿童互相谈论自己的项目。

沟通可以定义为交换数据和信息。正向技术发展框架强调了沟通对促进同伴之间或儿童与成人之间联系的重要性。在使用游乐场方法设计编程体验时，我们会问自己："什么样的沟通机制能够支持正向联系的形成和维持？"类似于技术圈这样的活动提供了答案：儿童停下手上的工作，把自己的项目放在桌子或地板上，然后聚在一起分享他们的学习过程。技术圈为他们作为共同体解决问题提供了一个好机会。多年来，我们还使用的另一种促进沟通的方法是同伴视频访谈或"编程和讲述"活动。在"编程和讲述"活动中，教师让儿童结伴，就他们的项目、编程过程以及其间遇到的挑战相互访谈（Portelance & Bers, 2015）。

研究表明，儿童一起玩电脑时，每分钟说的话是进行玩橡皮泥或积木等其他非技术活动时的 2 倍（New & Cochran, 2007）。研究还发现，儿童在使用电脑时与同伴交谈的时间是拼图时的 9 倍（Muller & Perlmutter，1985）。在为儿童创造编程机会时，我们应该如何利用这些发现呢？为儿童有效提供沟通方法的活动不仅能促进社会互动，还能提升语言和读写能力——这是年幼儿童的一项基本发展任务。

社区建设和贡献

前面讨论的协作和沟通，可以支持儿童在进行编程活动时建立和维持社会关系。社区建设和贡献则在此基础上更进一步，提醒我们，还必须建立回馈他人的机制，使我们的世界变得更美好。勒纳的研究表明，当年轻人有“能力”和“信心”，有强烈的“品格”意识，能够与他人“联系”并“关爱”他人时，他们也将能够对社会做出“贡献”。这 6 个 C 都是相互关联的，但勒纳认为，“贡献”使它们凝聚在一起，是“人类健康发展的黏合剂”（Lerner，2007）。虽然贡献是一种内部资本，是所有人的自然能力，但编程活动可以促进社区建设。

对于年幼儿童，社区建设可能侧重于为支持网络搭建支架，促进每名儿童对学习环境的贡献（Bers，2010b）。基于瑞吉欧教育的理念（始于第二次世界大战后意大利瑞吉欧·艾米利亚市的婴儿—学步儿中心和幼儿园），儿童创建的项目可以通过开放日、展示日或展览等与社区共享（Rinaldi, 1998）。编程项目的开放日为儿童提供了真正的机会，让他们能够与家人、朋友、社区成员等分享和庆祝他们的学习过程及成果。

教师也可以选择为儿童安排侧重于社会贡献和社区建设的编程项目。这会促使儿童进行的项目以为社区做出贡献为目标。例如，马萨诸塞州萨默维尔的一所公立学校实施的 KIBO 机器人课程，主题为“帮助我们的学校”（Sullivan, 2016）。在课程中，儿童学习了在现实世界中执行有益工作的机器人（如医疗机器人和清洁机器人等）。作为最终项目，儿童分组构建自己的“有用的 KIBO 机器人”并为其编程，以完成有益的工作，如捡垃圾、教授重要观念、展示礼貌行为和学校规则等（Sullivan, 2016）（见图 10.2）。编程作为一种读写能力，可以提供智力和物质工具，使儿童在长大后能够充分地参与更为广泛的社区建设。

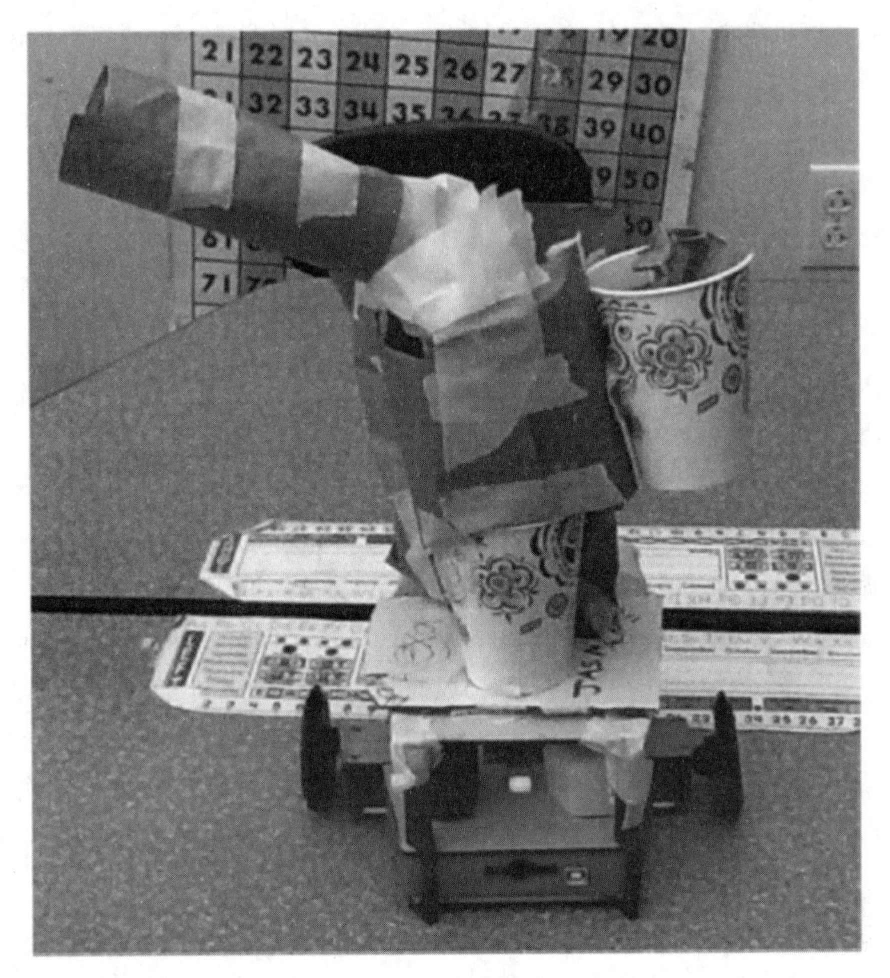

图 10.2 “有用的 KIBO 机器人”示例。这个机器人是由一名儿童设计的，用来搬运垃圾，垃圾通过顶部的垃圾槽到达并存放在纸杯中。通过编程，它可以行至教室的垃圾桶和回收桶，帮助教室保持干净

内容创建和能力

编程行为可以促进内容创建。它使儿童成为生产者，而不仅仅是消费者(Bers, 2010a)。布兰登学会了如何让他的 KIBO 狮子向前走。但更重要的是，他学会了计算的思考和行为方式。他知道自己可以创建想象中的项目，虽然这很困难并且需要寻求帮助。能够对个人项目进行编程的儿童，很可能会发展出一

种胜任感和掌控感。而且，就像连锁反应一样，儿童掌握的能力越强，能做的事情就越多，进而又会提高技能，获得更强的能力（Bers, 2012）。

儿童编程时，会经历一系列相互关联的步骤，这些步骤可能是线性的，也可能是非线性的。这就是设计过程：确定最终目标，制订行动计划，初步尝试实现目标，进行测试和评估，评估出现的错误，思考哪里可以做得更好，修正自己的想法并做出新的尝试来补救失败（Bers, 2010a）。这种迭代设计经验可以促进和支持有意识的自我调节——这个复杂而抽象的元认知过程有时在文献中被称为执行功能，它使自我调节的学习者能够设定目标、制定策略和自我监控，以处理周围的信息（Blair, 2002）。

诺贝尔经济学奖得主詹姆斯·赫克曼（James Heckman）确定了与学业成功相关的技能，这些技能不是由传统的智力指标（如智商测试）衡量的，而是包括动机和目标设定、策略思维、确定和获取解决问题所需的资源，以及在目标受阻或失败时进行补救等（Cunha & Heckman, 2007; Heckman & Masterov, 2007）。虽然这些技能中明显包含认知成分，但为了将其与传统心理测试测量的特定认知技能区分开来，赫克曼和他的同事们将它们称为“非认知技能”。与之对应，一些学者使用诸如“生活技能”（Lerner, 2007）或“基本生活实用知识”（fundamental pragmatics of life）（Baltes, 1997; Freund & Baltes, 2002）等术语来描述这些动机、认知、情感、行为和社会技能的本质。

能力不是与生俱来的资本。创建内容和成为自己作品的生产者的机会，可以帮助我们获得并加强能力。在本书中，我认为编程不仅是掌握计算机科学的强大思想的机会，也是掌握计算思维方式的机会。我介绍的游乐场编程方法中，编程意味着让儿童在发展新技能的同时，参与对个人有意义的项目。当这些目标成功实现时，我们可以看到儿童由此发展出的信心。

创造力和信心

正向技术发展框架的第五个 C 是创造力，与第四个 C“内容创建”有很强的关联。编程不应局限于使用技术解决别人设计的挑战或谜题，而应该更多地编写程序。目前许多举措都在促使儿童编写程序（Resnick & Siegel, 2015）。编程作为一种读写能力，必须支持创造性的表达。

最初，有人担心计算机会扼杀创造力（Cordes & Miller, 2000; Oppenheimer, 2003）；研究发现，如果使用得当，编程环境就有助于创造力的蓬勃发展（Clements & Sarama, 2003; Resnick, 2006, 2008）。一个有创造力的人能够想出使用计算机编程工具的新方法，并对这些新技能建立信心。信心可以定义为相信可以通过自己的行动实现预期目标。自信的程序员相信自己有能力完成自己想做的项目。他们在此过程中遇到问题时（肯定会遇到），知道可以尝试许多不同的途径来解决问题。自信的儿童程序员具备创建项目所需的技能，在必要时寻求帮助的能力，以及在面临技术困难时努力克服的毅力。

研究人员发现，自我效能感（或自我效能信念）是使用技术成功完成任务不可或缺的要素（Cassidy & Eachus, 2002; Coffin & MacIntyre, 1999）。能力和信心往往是相辅相成的：一个人越有能力，就可能越有信心；反过来，信心也可以增强能力。

信心中一个重要的方面是，相信自己的能力是可以提高的。斯坦福大学教授卡罗尔·德韦克（Carol Dweck）称之为“成长心态”，而不是“固定心态”（Dweck, 2006）。拥有成长心态的个体相信自己的才能（通过努力工作、良好的策略和他人的支持）可以得到发展。他们往往会比那些心态更固定（相信自己的才能是与生俱来的天赋）的个体取得更多成就。

用游乐场的方法教儿童编程，这一过程可以强化成长心态。编程需要儿童解决问题和坚持不懈，也需要儿童寻求帮助和给予他人帮助。它鼓励人们持有这样一种信念：儿童可以通过自己设计的每一次迭代做得更好。

行为选择和品格

正向技术发展框架中的最后一个 C 是行为选择。做出选择的过程可以塑造品格。就像在游乐场上一样，编程活动可以为儿童提供做出真实选择并体验结果的自由。在本书中我主张，编程语言和其他技术一样，可以成为探索道德认同的游乐场。

其中一些结果产生在微观的个人层面。例如，布兰登为他的 KIBO 狮子选择了行动（即追逐瞪羚）。另一些结果则产生在宏观的社会层面。在课堂上，儿童可以选择遵循教师对于项目的指导，也可以选择做别的事情并发现其结果。此外，我们生活在一个被新闻媒体包围的时代，人们可以选择以正向或负向的方式使用他们的编程技能影响社会。对于一些黑客和计算机科学家，社会上存在争议。当一个人是有能力且自信的创作者时，他就面临一个选择，那就是如何运用自己的能力。因此，行为选择对于帮助年幼儿童开始思考与读写能力相关的伦理和道德选择是非常重要的。

尽管年幼儿童可能不清楚这些问题的复杂性，但他们越早意识到这样一个事实越好：编程是一种工具，像任何其他工具一样，它可以用来做好事，也可以用来做坏事。就像锤子，它可以用来建造，也可以用来破坏，儿童第一次学习如何使用锤子时，我们就要告诉他们使用工具的注意事项，并强调需要负责任。编程也是如此。作为一种读写工具，它是拥有巨大力量的智力工具。

品格关乎我们采取的行动，它意味着要有正当目的和责任感（Colby & Damon, 1992; Damon, 1990）。品格决定了我们所做的选择，同时这些选择也会影响我们的品格。这一观点深受皮亚杰的影响，即道德发展源于行动；也就是说，个体是通过环境和经验的相互作用来建构道德知识，而不是靠纯粹的模仿（Kohlberg, 1973; Piaget, 1965）。道德学习不是简单地将一个群体的规范加以内化，而是一个发展过程，这个过程涉及个体努力达成公平的解决方案并发展道德认同（Kohlberg, 1973）。

编程可以为儿童和青少年提供探索道德认同的机会（Bers, 2001）。有时，这些机会是经过精心策划的。例如，我开发并实施了几个项目，在这些项目中，儿童会创建机器人来表征他们珍视的道德价值观。一些学校的儿童和家庭已经探索了如何利用机器人技术在思考工程和计算机科学之外，思考道德认同。

总之，正向技术发展框架的 6 个 C 是：协作、沟通、社区建设、内容创建、创造力和行为选择。我们所有的课程单元都用不同颜色的符号表示其中的每个 C（见图 10.3）。这些符号在每个课程单元的开头都有定义，并给出了明确的例子。这旨在提醒我们，儿童在编程时可以拥有正向的体验，就像他们在游乐场上拥有的一样。

第 11 个活动

“野兽狂欢”写作（20 分钟）

首先，让儿童拿出他们的设计日志，写下他们最想在“野兽狂欢”项目中进行的 3 个活动。你可以先举个例子：在我的“野兽狂欢”项目中，我想举办一个很棒的舞会，大家可以对着月亮嚎叫，还可以做些点心。问儿童：在你的“野兽狂欢”项目中，你有哪 3 个想法？要在你的最终项目中体现这 3 个想法。

儿童开始进行写作，使用设计日志来计划“野兽狂欢”项目。告诉儿童，他们要基于自己的 3 个想法，写一个关于“野兽狂欢”的故事。下面是写作中要包含的内容和技巧：

- 确定写作的受众和目的（谁会读你的“野兽狂欢”？他们可能想知道这个项目的哪些信息？）；
- 写作前，运用腹稿策略生成想法；
- 运用组织策略梳理项目的各个组成部分；
- 组织写作，包括开头、中间和结尾（“野兽狂欢”是怎样开始的？中间发生了什么？又是怎样结束的？）。

写作 vs 编程（10 分钟）

这项活动为儿童提供了一个机会，让他们反思写作和编程这两种媒介各自的局限与优势。在技术圈时间，将儿童召集到一起。询问儿童：

- 你的“野兽狂欢”项目中包含了哪些活动？
- 你写的活动中，有哪些可以用 KIBO 编程？

图 10.3 “编程作为另一种语言”课程的活动示例。每个活动的右侧都有符号，直观地标识其所支持的正向行为。例如，“‘野兽狂欢’写作”涉及创造力、沟通和内容创建，“写作 vs 编程”涉及社区建设

我的技术与儿童发展研究小组开发了一套工具，用于帮助教师、研究人员和设计师向儿童提出问题并进行指导性观察，以实现正向技术发展的 6 个 C。其中，正向技术发展卡片是一套写有指导语的卡片，可以用于促进教育工作者或任何计划将技术引入儿童学习环境的成人之间的讨论。这些卡片旨在使用正向技术发展框架对技术工具或学习环境进行协作式、交互式评估。它们可以双面打印并裁剪，在课堂上与儿童一起使用，或在教育工作者中使用（见图 10.4）。下面这个情景片段描述了一种常见的使用方式：幼儿教育工作者可以使用正向技术发展卡片促进他们的教学实践。

图 10.4　正向技术发展卡片

幼儿教师桑娅、莫妮卡和珍正在参加一个专业发展研讨会，她们正在学习如何将 KIBO 机器人套件融入教学中。主持人介绍完正向技术发展框架后，向各组教师分发正向技术发展卡片，并要求他们评估 KIBO 在多大程度上体现了正向技术发展的 6 个 C。桑娅、莫妮卡和珍拿到“协作”卡后，轮流发表意见。

桑娅最先发表意见：“我认为 KIBO 是一个很好的协作工具，孩子可以使用它一起创建一个项目。”莫妮卡不同意。她评论道：“你知道，一个孩子就可以编写 KIBO 程序。我们班至少有一部分孩子希望自己拥有 KIBO，不愿与他人分享。”珍持中间立场。她认为 KIBO 可以体现协作，但也指出：“我认为教师必须提供一个促进协作的环境。”

她们的下一个任务是想办法调整技术或环境，以更好地促进协作。桑娅再次第一个发表意见。她说：“我的设想是，在编写 KIBO 程序时给每个孩子一个明确的任务或角色，然后让所有的孩子一起朝着一个共同的目标努力。”莫妮卡关注的是教室本身。她提议，“应该让他们在一个开放的空间中而不是在桌子上玩 KIBO，这样能让更多的孩子一起工作。”珍则建议，让孩子们有机会从同伴那里获得对项目的反馈，然后合作改进他们的项目。

在讨论的最后，3 名教师都认同 KIBO 能够体现正向技术发展框架中的协作。

这项活动促使教育工作者设想在使用 KIBO 进行教学时可能出现的挑战，并想办法解决。这样的练习几乎可以应用于任何教育技术，以帮助教育工作者进行批判性思考，并更好地理解促进正向技术发展的工具和环境。

我们还开发了两个正向技术发展检核表：一个用于评价儿童在各种环境中使用技术的情况，另一个用于评价学习环境和促进者（或引导者）（Bers, Strawhacker & Vizner, 2018）。可以每次活动根据所需多次使用检核表，也可以每个单元使用一次。检核表分为 6 个部分（每个部分对应正向技术发展框架中的一种行为），使用 5 点李克特量表进行评价。例如，在儿童检核表的行为选择部分，观察者要评价“儿童小心使用工具 / 材料”的频率；对于行为选择，观察者也可以使用学习环境和促进者检核表评量“提供需要儿童小心使用的工具 / 材料”的频率。

本书的下一部分将更详细地介绍我多年来研究的两种编程语言：ScratchJr 和 KIBO。我还将描述将编程引入儿童早期阶段的设计原则和教学策略。

参考文献

Baltes, P. B. (1997). On the incomplete architecture of human ontogeny: Selection, optimization, and compensation as foundation of developmental theory. *American Psychologist*, *52*(4), 366–380.

Bers, M. U. (2001). Identity construction environments: Developing personal and moral values through the design of a virtual city. *Journal of the Learning Sciences*, *10*(4), 365–415.

Bers, M. U. (2010a). Beyond computer literacy: Supporting youth's positive development through technology. *New Directions for Youth Development*, *128*, 13–23.

Bers, M. U. (2010b). The tangible K robotics program: Applied computational thinking for young children. *Early Childhood Research and Practice*, *12*(2), 1–20.

Bers, M. U. (2012). *Designing digital experiences for positive youth development: From playpen to playground*. Cary, NC: Oxford University Press.

Bers, M. U., Strawhacker, A. L. & Vizner, M. (2018). The design of early childhood makerspaces to support Positive Technological Development: Two case studies. *Library Hi Tech, 36*(1), 75–96.

Blair, C. (2002). School readiness: Integrating cognition and emotion in a neurobiological conceptualization of children's functioning at school entry. *American Psychologist*, *57*(2), 111–127.

Blum-Kulka, S. & Snow, C. E. (Eds.). (2002). *Talking to adults: The contribution of multiparty discourse to language acquisition*. Mahwah, NJ: Erlbaum.

Cassidy, S. & Eachus, P. (2002). Developing the computer user self-efficacy (CUSE) scale: Investigating the relationship between computer self-efficacy, gender and experience with computers. *Journal of Educational Computing Research*, *26*(2), 133–153.

Clements, D. & Sarama, J. (2003). Young children and technology: What does the research say? *Young Children*, *58*(6), 34–40.

Coffin, R. J. & MacIntyre, P. D. (1999). Motivational influences on computer-related affective states. *Computers in Human Behavior*, *15*(5), 549–569.

Colby, A. & Damon, W. (1992). *Some do care: Contemporary lives of moral commitment*. New York, NY: Free Press.

Cordes, C. & Miller, E. (Eds.). (2000). *Fool's gold: A critical look at computers in childhood*. College Park, MD: Alliance for Childhood.

Cunha, F. & Heckman, J. (2007). The technology of skill formation. *American Economic Review*, *97*(2), 31–47.

Damon, W. (1990). *Moral child: Nurturing children's natural moral growth*. New York, NY: Free Press.

Dweck, C. S. (2006). *Mindset: The new psychology of success*. New York, NY: Random House.

Freund, A. M. & Baltes, P. B. (2002). Life-management strategies of selection, optimization and compensation: Measurement by self-report and construct validity. *Journal of Personality and Social Psychology*, *82*(4), 642–662.

Heckman, J. J. & Masterov, D. V. (2007). The productivity argument for investing in young children. *Applied Economic Perspectives and Policy*, *29*(3), 446–493.

Kohlberg, L. (1973). Continuities in childhood and adult moral development revisited. In P. B. Baltes & K. W. Schaie (Eds.), *Life-span developmental psychology* (pp. 179–204). New York, NY: Academic Press.

Lee, K., Sullivan, A. L. & Bers, M. U. (2013). Collaboration by design: Using robotics to foster social interaction in kindergarten. *Computers in the Schools*, *30*(3), 271–281.

Lerner, R. M. (2007). *The good teen: Rescuing adolescence from the myths of the storm and stress years*. New York, NY: Three Rivers Press.

Lerner, R. M., Almerigi, J., Theokas, C. & Lerner, J. (2005). Positive youth development: A view of the issues. *Journal of Early Adolescence*, *25*(1), 10–16.

Muller, A. A. & Perlmutter, M. (1985). Preschool children's problem-solving interactions at computers and jigsaw puzzles. *Journal of Applied Developmental Psychology*, *6*(2–3), 173–186.

New, R. & Cochran, M. (2007). *Early childhood education: An international encyclopedia* (Vols. 1–4). Westport, CT: Praeger.

Oppenheimer, T. (2003). *The flickering mind: Saving education from the false promise of technology*. New York, NY: Random House.

Piaget, J. (1965). *The child's conception of number*. New York, NY: W. W. Norton & Co.

Piaget, J. (1977). Les operations logiques et la vie sociale. In J. Piaget (Ed.), *Sociological studies* (pp.270–286). London: Routledge. (Original work published 1951).

Portelance, D. J. & Bers, M. U. (2015). Code and tell: Assessing young children's learning of computational thinking using peer video interviews with ScratchJr. In *Proceedings of the 14th International Conference on Interaction Design and Children (IDC '15)* (pp. 271–274). Boston, MA: ACM.

Resnick, M. (2006). Computer as paintbrush: Technology, play, and the creative society. In D. G. Singer, R. M. Golinkoff & K. Hirsh-Pasek (Eds.), *Play = learning: How play motivates and enhances children's cognitive and social-emotional growth* (pp. 192–208). New York, NY: Oxford University Press.

Resnick, M. (2008). Sowing the seeds for a more creative society. *Learning & Leading with Technology*, *35*(4), 18–22.

Resnick, M. & Siegel, D. (2015, November 10). A different approach to coding: How kids are making and remaking themselves from Scratch.(Blog post). *Bright: What's new in education*.

Rimm-Kaufman, S. E. & Pianta, R. C. (2000). An ecological perspective on the transition to kindergarten: A theoretical framework to guide empirical research. *Journal of Applied Developmental Psychology*, *21*(5), 491–511.

Rinaldi, C. (1998). Projected curriculum constructed through documentation—Progettazione: An interview with Lella Gandini. In C. Edwards, L. Gandini & G. Forman (Eds.), *The hundred languages of children: The Reggio Emilia approach—Advanced reflections* (2nd ed., pp. 113–126). Greenwich, CT: Ablex.

Rogoff, B. (1990). *Apprentices in thinking: Cognitive development in a social context*. New York, NY: Oxford University Press.

Sullivan, A. L. (2016). *Breaking the STEM stereotype: Investigating the use of robotics to change young children's gender stereotypes about technology & engineering* (Unpublished doctoral dissertation). Tufts University, Medford, MA.

Topping, K. (1992). Cooperative learning and peer tutoring: An overview. *The Psychologist*, *5*(4), 151–157.

Wartella, E. A. & Jennings, N. (2000). Children and computers: New technology—Old concerns. *The Future of Children: Children and Computer Technology*, *10*(2), 31–43.

Wood, D. & O'Malley, C. (1996). Collaborative learning between peers: An overview. *Educational Psychology in Practice*, *11*(4), 4–9.

第四部分

面向年幼儿童的新语言

第十一章 图形化编程语言：ScratchJr

莉莉是一年级的学生。在过去两个月的英语课上，她一直在使用 ScratchJr。上周，她的老师布朗夫人讲了一个故事，是伊斯门（Eastman）写的《你是我的妈妈吗？》（*Are you my mother?*），故事中的小鸟遇到了各种动物并问它们是不是自己的妈妈。莉莉很喜欢这个故事。讲完故事后，布朗夫人给了孩子们平板电脑，并让他们每人和一位朋友结伴，一起用 ScratchJr 把这个故事制作成动画。莉莉邀请山姆作为她的搭档。他们俩喜欢这个主意！他们花了一些时间讨论创建什么样的场景，因为他们想把故事和 ScratchJr 中的可用页面匹配起来。他们决定让小鸟先和狗说话，然后在下一页面和猫说话，最后让小鸟和挖土机说话。

山姆想自己画人物形象，但莉莉想用平板电脑拍下书中的图画并把图片导入 ScratchJr。经过一番讨论，山姆同意了这个提议，但前提是他可以使用 ScratchJr 的绘图编辑器给猫添加一些条纹，因为他认为这本书的图画还需要装饰一下。两个孩子对主角的形象达成一致之后，就立刻开始编程了。莉莉想让小鸟问猫"你是我的妈妈吗？"，还想让猫发出"喵"的声音作为回应。编程开始，她将 ScratchJr 里的"说话"积木组合在一起，这种积木可以让角色通过对话泡泡说话。在试运行程序时，莉莉注意到猫和小鸟是同时说话的，这与现实生活中的对话不同，正如莉莉说的那样，"你应该等别人说完后再回应"。于是她开始用不同的积木来修补，直到她认为自己想出来的解决方案足够完美。最终，她在程序里的每块"说话"积木之后都加上了一块"暂停"积木作为连接。

"暂停"积木看起来像一个表盘，它的功能是让程序暂停一段时间。莉莉在程序中放置这些积木的方式，使得不同角色的对话泡泡之间有一定的时间间隔。如此一来，小鸟和猫的对话感觉更自然了。山姆喜欢这个解决方案。在班级的技术圈时间，莉莉和山姆很自豪地与同伴分享这个项目。许多孩子想知道他们是如何让这些角色互相交谈的。莉莉满脸笑意地向全班展示了程序代码，并详细解释了她是如何设定角色在说出台词前的“暂停”时间的：这是一个反复试错的过程。在活动的最后，布朗夫人向孩子们展示了如何通过电子邮件向父母分享他们制作的动画故事，这样父母在家就能看到孩子完成的项目了。

全世界有超过 1300 万人使用免费的 ScratchJr 应用程序学习编写程序并创建自己的互动故事，莉莉和山姆就是其中的两个。ScratchJr 创立于 2014 年 7 月（Bers & Resnick, 2015），截至 2020 年 2 月下载量超过 1300 万次，全球用户平均每周超过 28 万名。ScratchJr 已在全球 191 个国家和地区被使用（Bers, 2018）。到今天，ScratchJr 已经可以在 iPad、安卓平板电脑、亚马逊平板电脑和谷歌笔记本电脑上运行，这令我们感到骄傲，但我们仍然在孜孜不倦地为让 ScratchJr 能在更多平台上使用而持续努力。我们还提供了西班牙语、荷兰语、法语、意大利语和泰语的翻译版本，同时也正在积极添加新的语种以推进其本土化。我们的目标是为每名儿童提供免费的编程语言，让他们学习编程，用新的方式思考，以游乐场的方式运用技术尽情表达自我。

ScratchJr 在儿童早期教育中迅速发展和应用（例如出现在莉莉和山姆的一年级教室中），表明教师希望并需要为儿童提供科技游乐场。虽然布朗夫人没有专门安排计算机或编程课程，但她创造性地将 ScratchJr 融入英语课程。在 ScratchJr 出现之前，她可能会让孩子们用蜡笔和纸重现《你是我的妈妈吗？》这个故事；但现在有了 ScratchJr，她就可以将编程整合到这项活动中，孩子们在学习文学的同时又能掌握编程技能。此外，他们会带着兴奋和自豪感将自己的创造力与解决问题的能力融合在一起，与同伴和父母分享他们的项目。

像许多创造性的尝试一样，ScratchJr 从一个问题开始：我们如何创造一种对年幼儿童具有发展适宜性的编程语言？我们的灵感来自 Scratch。Scratch 是由麻省理工学院媒体实验室的雷斯尼克和他的团队为 8 岁以上儿童设计的，全世界数百万儿童和青少年都在使用。

我观察了自己的 3 个孩子，他们在很小的时候就试图用 Scratch 编程。在那之后我意识到，需要对它的设计做一些重要的改变。他们理解基本的编程概念，但很难操作 Scratch 界面，他们对许多无法阅读或理解的编程命令感到困惑。他们可以在成人的帮助下愉快地使用 Scratch，但无法独立工作，这深深困扰着我。在游乐场上，孩子们不需要大人牵着他们的手，他们自己就可以弄清楚如何使用游乐场的设施，也知道如何驾驭社交规则。虽然他们在更具挑战性的任务中可能需要帮助，但总体来说，游乐场是为了让孩子们能够自己玩耍和尝试而设计的。我想要一种编程语言，这种语言能够让孩子们获得同样的自由和探索体验，以及同样的掌控感，而无须成人管理每一个动作。

雷斯尼克和我决定合作开发 ScratchJr 项目，并邀请老朋友和同事——来自加拿大 PICO 公司的葆拉·邦塔和布赖恩·西尔弗曼加入我们的团队。这一“冒险”始于 2011 年，当时我们收到了美国国家科学基金会的拨款，之后便开始了研究和设计工作。此外，我们还得到了 Scratch 基金会的慷慨支持，该基金会成立的目的就是为 Scratch 生态系统提供支持和筹集资金。我们花了 3 年时间来准备 ScratchJr 的问世。我们想要一种适合 5—7 岁儿童的编程语言。我们想要一个数字化的游乐场，让儿童可以使用图形化指令来创建互动故事和游戏。我们想把它做好。因此，我们寻找了在儿童发展的各个阶段可以提供指导和宝贵意见的最佳设计合作伙伴，包括儿童早期教育工作者、家长、校长和儿童。

ScratchJr：工具介绍

ScratchJr 是一个可以编程的数字游乐场。我们花了大量时间与平面设计师合作，让界面富有趣味性。配色方案的基调是类似游戏的，图案是色彩鲜艳、滑稽可爱的，可编程的动作也是好玩的。喜欢艺术创作的儿童可以设计角色和背景；喜欢动画的儿童可以系统地探索编程概念，也可以在不断修补程序的过程中探索。儿童可以将图形化编程积木组合在一起，让自己的角色移动、跳跃、跳舞和唱歌。他们可以在绘图编辑器中修改角色、创建彩色背景、添加自己的声音，甚至拍摄自己的照片并插入他们的故事中。

ScratchJr 有一个项目库、一个主项目编辑器，以及用于选择、绘制角色和背景图案的工具（见图 11.1）。项目编辑器的中央是故事页面，也就是正在搭建的场景。点击标有图标的按钮，可以添加新的角色、文本和背景，如猫的轮廓、字母 A 或一座山。对于多场景的故事，可以按顺序创建和播放页面（其缩略图显示在界面的右侧）。

图 11.1　ScratchJr 界面

蓝色的指令面板位于编辑器底部的中间。儿童可以单击左侧的指令选择按钮，让指令面板每次显示一个指令类别的积木；将积木从面板拖到下面的编程工作区，可以激活它们；将积木拼接在一起，就可以创建从左到右读取和播放的程序。“绿旗”（“播放”）和红色“结束”按钮分别用于启动和停止程序动画。

编程积木分为 6 类，分别用不同的颜色表示，包括黄色的触发积木、蓝色的动作积木、紫色的外观积木、绿色的音效积木、橙色的控制积木和红色的结束积木（见表 11.1）。

表 11.1　ScratchJr 编程积木类别

积木类别	积木示例	类别描述
触发积木	“点击绿旗时开始”	这些积木可以放在程序的开头，表示当某个事件发生时执行该程序。例如，当“点击绿旗时开始”积木被放置在程序的开头时，只要点击屏幕右上方的“绿旗”，程序就会开始执行

续表

积木类别	积木示例	类别描述
动作积木	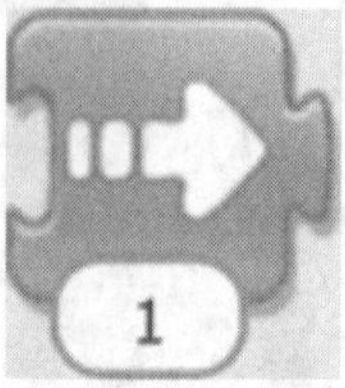 “往右走”（1 步）	这些积木可以让角色向上、下、左、右 4 个方向移动，还可以让角色旋转、跳跃或返回原来的位置
外观积木	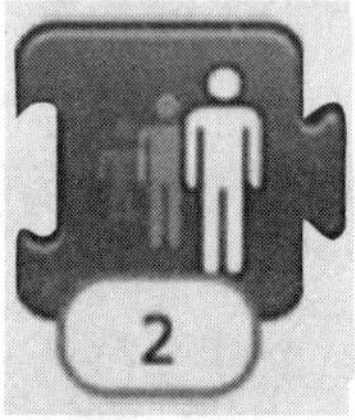 “放大”	这些积木可以更改角色的外观，包括更改角色的大小，添加用户自己设定文字的对话泡泡，以及显示和隐藏角色
音效积木	 “播放‘啵’音效”	音效积木会播放 ScratchJr 素材库里的声音。儿童还可以自己录音，并将音频保存为一个新的音效积木
控制积木	 “暂停”（单位是 1/10 秒）	与明显改变舞台上角色的动作或外观的积木不同，控制积木改变角色程序的性质。例如，可以把一系列积木放进一块“循环”积木中，然后用户可以改变“循环”积木上的数字，以确定执行给定的程序多少次
结束积木	 “无限循环”	这些积木可以放在程序的末尾，以确定程序完成执行时是否会发生某些事情

当把这些积木拼在一起时，儿童就可以控制角色在舞台上的行为。例如，下图显示的这个程序可以让角色跳跃两次，然后放大和缩小（见图 11.2）。

图 11.2　这个 ScratchJr 程序包含 6 块积木。当用户按下“绿旗”后，程序启动。程序运行时，相应的角色将先跳跃两次，再放大两次，最后缩小两次回到原来的大小

积木外形的设计可以有效防止语法错误。这些拼图块的视觉属性与它们的语法属性相对应。例如，“无限循环”积木只能出现在程序的末尾。因为没有什么东西可以跟在“无限循环”命令的后面，这块积木的右侧是圆的，这样其他积木就不可能连接在它后面（见图 11.3）。

图 11.3　“无限循环”积木的右侧是圆的

程序脚本按照从左到右的顺序运行，而不是大多数编程语言（包括 Scratch）从上到下运行的传统模式。这样的设计可以加强用户的文字意识和读写能力。一个程序运行的过程中，被执行的积木将高亮显示，表示舞台上的角色正在执行相应的指令。

当用 ScratchJr 打开项目界面时，动作积木会显示在界面下方中间的指令面板中（见图 11.4）。儿童可以从面板中拖动尽可能多的动作积木到下面的编程工作区，把它们拼接起来创建程序。儿童如果要使用其他类别的积木进行编程，可以点击面板左侧的彩色按钮。例如，如果点击紫色按钮，面板上的动作积木就会换成外观积木。儿童通过这种方式可以访问超过 25 种积木，同时又不会被屏幕上铺天盖地的选项弄得不知所措。点击每种积木可以显示其名称，方便儿童通过文字进行识别。

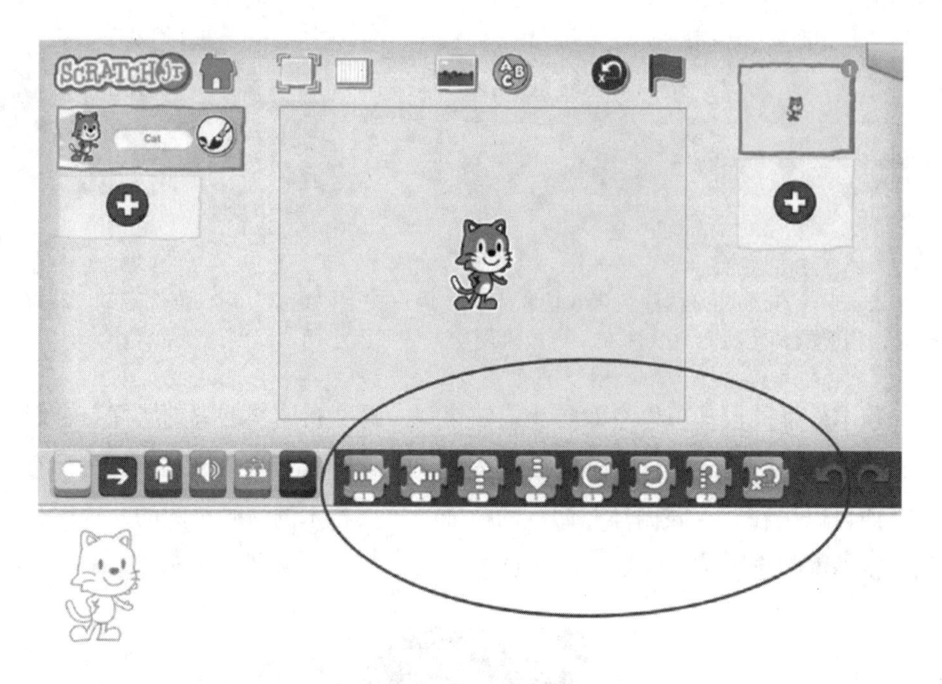

图 11.4　界面下方中间的指令面板中圈出来的是蓝色的动作积木

编程积木涵盖了从简单的动作排序到控制结构等诸多概念。儿童在创建 ScratchJr 项目时，可以接触到第六章中描述的计算机科学的大多数强大思想。此外，儿童还可以使用 ScratchJr 进行编程之外的其他活动。他们可以在绘图编辑器中创建和修改角色，录制自己的声音，甚至使用绘图编辑器中的照相机功能插入他们拍摄的自己的照片。然后，他们可以将这些丰富的素材加入项目中，使项目更为个性化。与 Scratch 中有数百种可用图案相比，ScratchJr 只提供一小部分基本图案。这一决定符合我们“少即是多”的总体设计思路，旨在减轻儿童浏览大量选项时的困扰。此外，这还会鼓励儿童自己创建与课堂上特定主题相关的新图案。儿童可以编辑已有的图案，也可以在嵌入式的可缩放矢量图编辑器中绘制自己的图案。数据显示，儿童创建的项目中有 11% 的项目包含了自己在绘图编辑器中创建的角色或背景。此外，ScratchJr 加入的角色中最常见的是“用户资产”，占比达到 33%，也就是在绘图编辑器中以某种方式创建或修改的角色。这表明用户希望将个人的和独特的东西添加到他们的项目中。

ScratchJr 有一个功能叫“网格模式”，可以用网格覆盖整个动画舞台（见图 11.5）。它可以开启或关闭，并在编程时（而不是在展示项目时）使用。这一设计是为了帮助儿童理解每个编程指令的测量单位。它明确了线性运动时可以计数的测量单位。例如，被编程为“往右走 10 步”的角色会移动 10 个网格单元，而不是 10 个像素或其他单位。

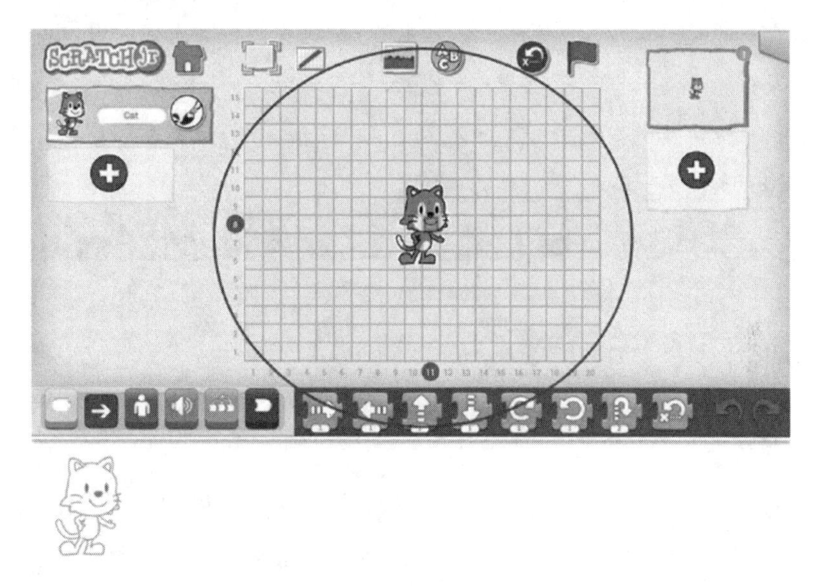

图 11.5　ScratchJr 的“网格模式”

网格类似于笛卡儿坐标系的右上象限，但使用的是离散而非连续的度量单位。标有数字的坐标轴可以提示计数，并提供跟踪计数的标记。儿童可以使用多种方法，将坐标轴上的数字与沿着该轴所需移动的量联系起来。

单个指令产生的移动始终平行于纵轴或横轴，以确保网格单元数始终对应于角色移动的步数。使用网格时，对给定距离的移动进行编程可以有多种策略，这有助于促使儿童探索日益复杂的数字和编程概念。例如，要将一个角色移动 3 个网格单元，儿童可以使用动作积木的默认参数值，对 3 块“往右走 1 步”积木进行排序；也可以使用 1 块“往右走 1 步”积木，然后点击程序或“绿旗”按钮 3 次；还可以更改数字参数，创建 1 块“往右走 3 步”积木（见图 11.6）。网格的单元格和标有数字的坐标轴支持不同复杂度的策略：从估计和调整，到计数，再到基础算术。网格的设计源于我们“促进 ScratchJr 与其他学科之整合”的目标：在这里，“其他学科”指的就是数学。

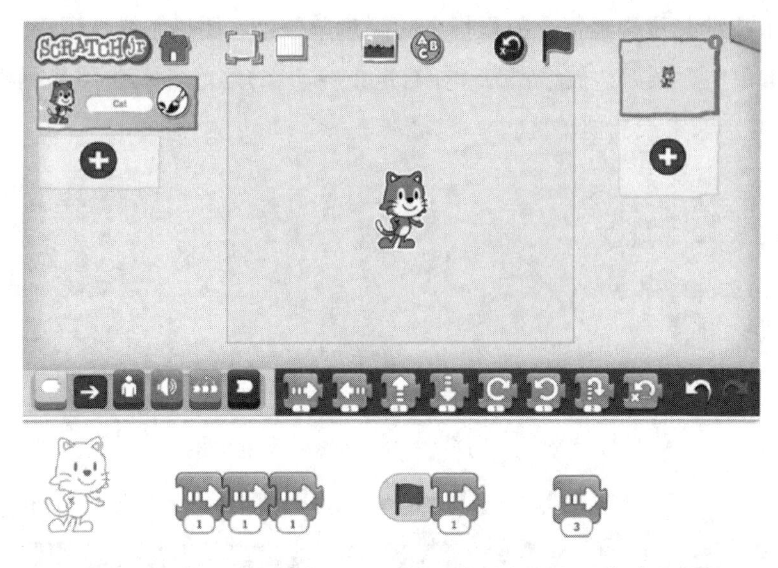

图 11.6　使用蓝色动作积木让 ScratchJr 小猫往右走 3 步的多种策略

此外，为了实现与读写能力的无缝衔接，我们还做出了几项设计决策。ScratchJr 允许用户创建多达 4 个独立的页面，并将文本和语音整合到一个项目中，这让儿童能够完整创建自己的图画书，包括开头、中间和结尾。在创建这些项目时，儿童会思考“如果发生了这个，就会发生那个”。通过使用 ScratchJr 编程，他们开始理解故事的基本组成部分，同时也加强了排序技能。

在使用 ScratchJr 时，儿童会接触强大思想并发展排序、估计、预测、组合和分解等跨领域技能。“多少”或“多远”是在儿童使用 ScratchJr 时经常听到的问题。此外，经验丰富的教师会引导儿童去预测每次迭代的程序运行时会发生什么，并思考他们所做的更改是否符合预期。ScratchJr 可以对儿童估计和预测的准确性提供即时反馈。这就是编程语言的美妙之处：可以对计算思维进行测试并得到反馈（Bers & Sullivan, 2019; Relkin & Bers, 2019）。

ScratchJr 设计的许多功能可以减少不必要的低阶认知负担，以支持儿童解决问题，从而为高阶认知过程释放脑力资源，如对产生意外结果的脚本进行故障排除。这些设计将儿童面临的挑战保持在适宜的水平，并尽可能地帮助儿童将足够的认知资源投入想象和创建程序所涉及的高阶思维过程中。当编程的目标是表达时，这样做是非常必要的。

为了方便 ScratchJr 的教学，我们为初级、中级和高级学习者分别开发了不同的课程。尽管每个级别中教授的强大思想是相似的（橙色控制积木例外），但不同级别教授的课程深度有所不同。例如，初级学习者通过简单的线性排序来探索算法，中级学习者可以使用“循环”积木来探索循环序列，高级学习者可以学习两个或多个同时运行的并行序列。在每个级别，我们都会引入新的ScratchJr积木（见表11.2）。例如，在初级课程中，儿童可以使用蓝色的动作积木为角色编程，让这些角色跳舞或在舞台上移动。在中级课程中，儿童可以将已经熟悉的蓝色积木与新的绿色“播放录音”积木、黄色“点击时开始”积木组合起来，创造出一触碰就会说话的互动角色。最后，在高级课程中，儿童可以将他们之前所有的知识结合起来，加上橙色的控制积木，就可以让编程角色真实地交互，描绘一个游戏、一段对话或一个故事。

表11.2　我们推荐在ScratchJr课程的初级、中级和高级阶段教授的积木

	初级	中级	高级
ScratchJr（28种积木）	• 触发——点击绿旗时开始 • 蓝色动作积木（往左走、往右走、往上走、往下走、向左转、向右转、跳跃） • 紫色外观积木（说话、放大、缩小、重设大小、隐藏、显示） • 绿色播放“啵”音效积木 • 红色结束积木	所有初级积木＋ • 触发——点击时开始 • 蓝色回家积木 • 绿色播放录音积木 • 橙色设定速度积木 • 橙色暂停积木 • 橙色循环积木 • 红色无限循环积木 • 红色切换至页面积木	所有初级和中级积木＋ • 触发——碰到时开始 • 触发——收到消息时开始 • 触发——发送消息 • 橙色停止积木 • 并行程序

ScratchJr：我们的设计过程

我们的设计和开发始于观察年幼儿童如何使用Scratch（它是为较大的儿童设计的），以发现他们在使用过程中遇到的困难。我们花了很多时间观察学前班和一、二年级的课堂，以了解目标年龄范围（5—7岁）儿童的弱项（Flannery et al., 2013）。例如，我们注意到，这些儿童会因编程指令太多而迷失方向。因

此，我们很早就知道了简化指令面板的必要性。我们还注意到，程序运行时每个动作发生得太快了，以致儿童很难理解指令和它们所引发的动作之间的关系。因此，我们决定放慢进程，让每个指令在触发动作之前都有一些时间间隔。教师们指出，儿童正在学习如何从左到右读写文字，在 ScratchJr 中模仿这种方向性可能是个好主意。相比之下，Scratch 则是模仿其他更成熟和高级的编程语言，从上到下编程的。基于这些发现，我们开始设计 ScratchJr 的初始原型，即 Alpha 和 Beta。

在开发的每个阶段，我们都对儿童、家长和教育工作者进行了用户测试。虽然这种做法可能会减缓开发进程，但它确保我们创建的这种编程语言能让有不同需求和愿望的每个群体都觉得有用。我们通过非正式的课外活动、教育工作坊、实验性课堂干预和家庭游戏活动，与数百名教师和儿童合作。此外，我们还通过在线问卷调查和面对面的焦点小组访谈来获取反馈。这些都为我们的设计团队提供了宝贵的信息。

初始原型 Alpha 是基于网络的，它需要学生和教师登录一个私人服务器。这个版本达成了我们的首要目标，即简化 Scratch 编程环境（例如，屏幕上更少的文本，更吸引人的彩图，带有简单指令的大块积木等）以吸引年龄更小的用户。然而，用户名系统反响不佳，因为教师需要大费周章地去记录学生的登录账号，而学生总是忘记自己的登录账号。此外，大多数学生打字总是出错。在使用基于网络的 Alpha 原型时，最后大多数学生拥有多个账户，他们做的项目也丢失了，而教师则感到沮丧，因为他们把大部分时间都花在了管理上，而不是专注于让学生学习编程概念。

通过焦点小组访谈和在线问卷调查，我们清晰地得知，大多数教师想要一个不需要联网的 ScratchJr 版本。许多学校的网络连接速度很慢，导致学生编程时出现滞后和错误，给学生和教师都带来挫败感；还有一些学校则完全没有网络。教师们想要一个独立的应用程序。此外，他们想要的是平板电脑版本，而不是台式机或笔记本电脑版本。可以想象，这一想法部分是因 2011—2012 年 iPad 和触屏设备的流行而产生的；但我们的研究也表明，学生在电脑上使用 ScratchJr 时，在操作鼠标和触控板方面有相当大的困难。

我们发布了 Beta 测试版的 ScratchJr，这个版本是为 iPad 设计的平板电脑交互界面。结果确实显示，儿童快速流畅地创建项目的能力有所提高。然而，由于技术问题，教室仍然需要接入无线互联网。我们创建了一个实验性的管理面板，这是一个供教师使用的主用户网页，它将所有的学生账户分组，并集中在一个地方进行管理。虽然这种方法取得了一些成功（例如，教师可以很方便地一次性查看所有学生的作品），但管理面板的使用让人头痛，因为每个班在每个单元结束时都有数百个项目。此外，这个版本的 ScratchJr 仍然需要账户才可以登录，而且登录过程仍然存在问题。

当我们的技术团队致力于解决平台问题时，我们还尝试了不同类型的编程积木，并将积木分组。教师们建议将“角色旋转”积木设置为 12 步转一圈。这个数字对应的是一个模拟表盘，这是一、二年级教学里的常见内容。我们还探讨了不同的工具选项。儿童对绘图编辑器中的照相机功能、音效积木中的录音功能、程序运行时相应积木彩色高亮显示的功能，以及让角色和相应的指令可在同一个项目的多个页面上出现的拖拽复制功能提供了广泛的反馈。除了可以将项目发送给家庭成员或其他设备的电子邮件分享功能，家长们还很支持我们在应用程序中不设置互联网链接或任何弹出窗口的设计（这样儿童就不会意外地上网）。分享功能在构建 ScratchJr 社区方面发挥了重要作用，它让儿童可以在家中与朋友、家人分享他们在学校所做的东西。

我们与设计团队一起尝试了不同的界面外观和标志。例如，图 11.7、图 11.8 和图 11.9 展示了我们尝试过的不同美学设计的界面，从数字风格到传统笔记本再到木质表面。

图 11.7　ScratchJr 界面 1：“数字风格”设计

图 11.8　ScratchJr 界面 2："笔记本式"设计

图 11.9　ScratchJr 界面 3："木质"设计

在整个设计过程中，我们一直在为 ScratchJr 小猫的外观而纠结。我们尝试了好多不同的想法，直到大家都满意为止（见图 11.10）。

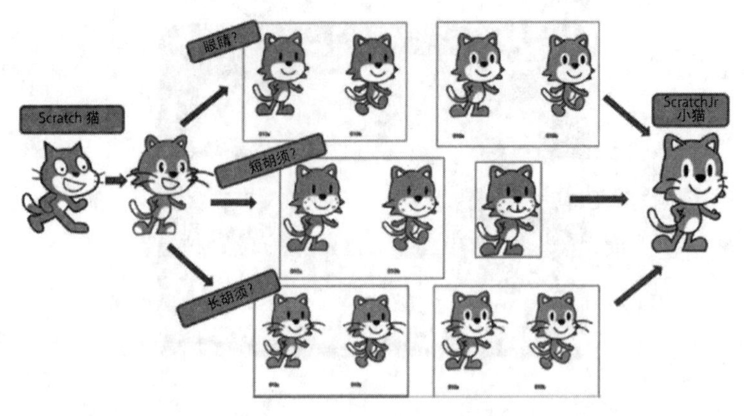

图 11.10　ScratchJr 小猫受到 2007 年开发的 Scratch 编程语言中的"Scratch 猫"的影响。这只小猫经历了许多次迭代，直到整个团队达成一致意见

2014 年 7 月，我们在成功筹集到资金并补足现有资金后，推出了当前版本的 ScratchJr，作为平板电脑的原生应用程序。我们删除了用户名和管理面板系统，并开发了一种简单的一对一设备共享模式。现在，用户创建的项目可以通过电子邮件或苹果的 AirDrop 功能进行分享。这是兼顾学校和家庭使用的一种折中。作为 ScratchJr 的创造者，我们全身心投入这段旅程，经历了设计过程的各个步骤：这一点颇为有趣。

今天的 ScratchJr

在 iPad 版 ScratchJr 发布后，世界各地的教师开始要求开发安卓版本，因此我们扩大了团队。当时，马克・罗斯（Mark Roth）刚刚听说 ScratchJr，他是 Two Sigma 投资公司的董事总经理和软件工程师，也是令两个男孩感到骄傲的父亲。当得知 ScratchJr 没有安卓版本时，他很失望，于是他找到雷斯尼克，想把自己的业余时间贡献给团队。该团队与 Two Sigma 的另一位软件工程师胡凯文（Kevin Hu）一起，于 2014 年 11 月发布了测试版，并于 2015 年 3 月发布了最终版。如今，安卓版本得到了 Scratch 团队的正式支持，可在 7 英寸或更大屏幕的安卓 5.0 +（Lollipop 或更高版本）上运行，其下载量已超过 300 万次（并且还在快速增长）。

马克参与这个项目的原因是，他认为让世界各地的人们都能使用支持创造性探索的工具非常重要。他知道安卓在美国以外是一个更常见的平台，因此他决定通过志愿服务来提供帮助。基于安卓版本，我们在 2016 年 1 月创建了亚马逊平板电脑版本，并在 2016 年 3 月进一步扩展，使 ScratchJr 兼容谷歌笔记本电脑。我们努力让 ScratchJr 可以在不同的设备上使用，这使得该应用程序具有更大的全球影响力。ScratchJr 在全球 191 个国家和地区被广泛使用，其中美国、英国、澳大利亚、加拿大、瑞典、中国、法国、西班牙、日本和荷兰使用最多。

此外，在 2015 年 12 月，我们与美国公共电视台儿童频道（PBS KIDS）合作推出了 PBS KIDS ScratchJr，让儿童可以使用该频道制作的热门儿童电视节目中的 150 多个角色及背景创建自己的互动故事和游戏。这款应用程序是由美国公共广播公司和美国公共电视台学习准备计划（Ready to Learn Initiative）共同开发的，得到了美国教育部的资助。在撰写本书时，该应用程序下载量已超过100万次。

ScratchJr团队于2016年1月开始收集并分析数据，这份数据全面概述了儿童和教育工作者使用ScratchJr的情况。从2016年1月到2020年2月，已经创建的项目超过4860万个，再次打开和编辑的项目超过6480万个，这说明用户在不断完善或修改相同的项目。此外，超过150万个项目通过电子邮件或苹果AirDrop功能与他人分享。在这相对较短的时间跨度内，超过9.36亿块编程积木被使用，使用最多的是“往右走”“点击绿旗时开始”“往上走”“往左走”和“说话”。使用“说话”积木是为了让项目中的角色可以互相交流——它跻身ScratchJr中最常用积木前五名，这一事实表明，儿童正在使用该应用程序建立他们的讲故事技能。此外，世界各地的用户会连续花平均13分钟的时间在ScratchJr中创建项目。除此之外，ScratchJr保持着80%的用户回访率，同时每个月新用户增速达到20%。ScratchJr的发展非常迅速，使用过它的人不断回访，不断编写更多的程序。当你读到这本书的时候，上面这些数字已经增加了。

屏幕上的游乐场

儿童的项目展示了他们的创造力有多强。ScratchJr有一项深受年幼儿童欢迎的活动，是设计和创建带有嵌入动画的拼贴画，这些动画讲述了他们最喜欢的地方、活动或生活中的特殊人物。儿童从艾瑞·卡尔、莫·威廉斯和莫里斯·桑达克的经典图画书中获取灵感，然后编写自己原创的多页故事。这些项目让儿童可以为他们喜欢的故事想象新的结局，甚至创造属于自己的新故事。例如，有的儿童创作了小红帽和大灰狼成为朋友的故事版本，或者龙和巫师为拯救地球而前往另一个星球的奇幻故事。受迷宫、俄罗斯方块和青蛙过河的游戏机制的启发，年龄较大的儿童喜欢创建互动式项目。通过开发简单的互动游戏并与朋友和家人一起进行游戏测试，儿童可以学会换位思考，并探索以用户为中心的设计。

ScratchJr提供了一个编程的数字游乐场。前面所描述的多种经历可以证明，儿童能如做游戏一般为自己的故事、游戏和动画编程。此外，在独立工作时，儿童会选择对自己创作的艺术品进行编程。这是在 ScratchJr 游乐场自发出现的事情，儿童会主动使用他们的想象力和艺术能力，以及编程和解决问题的策略。

ScratchJr 是开放式的编程环境，让儿童参与正向技术发展框架中的 6 种正向行为（6 个 C）。它让儿童创建自己的项目（即内容创建）。在这个迭代的创建过程中，儿童可以发展计算思维的概念、技能和实践。此外，他们还会运用自己的创造力。在以创造性的方式解决技术问题的过程中，儿童对自己的学习潜力建立信心。精巧的或有创意的项目可能很难创建，而且创建过程可能令人沮丧。在游乐场上，儿童需要学会在攀爬架上玩耍时不乱发脾气；同样，使用 ScratchJr 的儿童必须学会如何应对自己的挫折感——这是提升他们对学习新技能的信心的重要一步。

如果教师和儿童都抱有这样的预期，即事情有可能会不成功、有可能会很困难，那么这样的课堂会促进儿童的发展过程（Portelance & Bers, 2015; Strawhacker, Lee & Bers, 2018）。随着儿童编写不同的项目，他们会逐渐意识到自己有能力通过多次尝试、使用不同的策略或寻求帮助来找到解决方案（Bers, 2010）。我的研究发现，比起单纯遵循教师严格指导的课堂文化，教师和儿童共同学习的课堂文化除了支持儿童的创造力发展之外，还会使儿童的学习成效更好，儿童对 ScratchJr 编程概念的理解也更深入（Strawhacker & Bers, 2019）。

正向技术发展框架倡导促进协作的编程体验。在只有一个屏幕的设备上工作时，比较棘手。虽然儿童可以分组工作，但平板电脑本身的设计使它只能让一名儿童控制。儿童可以作为一个团队讨论他们的想法，但这种讨论受制于儿童自身的发展水平。当年幼儿童走出“平行游戏”阶段后，他们会学习如何一起工作，但有多名儿童的小组仅操作一个对象，可能会带来一些挑战。在 ScratchJr 中，没有专门为促进儿童之间的协作而设计的功能。该平台是为单个用户在平板电脑上使用而设计的。因此，如前所述，协作与工具无关，而是与围绕工具实施的教学策略有关。

对于沟通，也是如此：虽然游乐场方法促进了互动（因为儿童需要协商），但平板电脑将儿童的注意力引向了自己。虽然两名儿童可能坐在一起使用 ScratchJr 编程，但促进对话的工具不是它，而是与之配套的教学决策和教学策略。这突显了课程设计与正向技术发展框架相一致的重要性。例如，鼓励儿童相互描述他们的项目，这样的课堂文化可以促使儿童以多种媒介形式进行沟通

（Portelance & Bers, 2015）。我们很容易忘记，在儿童早期，教儿童编程时还必须教他们如何沟通。

同样，游乐场本身并不能培养社区意识，但我们可以通过实践活动围绕游乐场建立社区。瑞吉欧教育中的社区建设活动广受欢迎，促进了每名儿童对更广泛的社区的贡献。在 ScratchJr 中，我们添加了“分享”功能，让儿童可以与教师或家人分享他们的项目。我们也在为成人用户开发在线支持网络。此外，我们也在组织 ScratchJr 家庭编程日活动，让父母、孩子、兄弟姐妹和祖父母能够一起参与编程项目并相互学习（Govind, Relkin & Bers, 2020）。

正向技术发展框架提醒我们进行行为选择的重要性。在游乐场上，儿童经常面临一些挑战：是应该在滑梯前插队，还是耐心地等待轮到自己？是应该把落在沙箱里的漂亮的黄色卡车带回家，还是因为它的主人有可能稍后来取而留下它？虽然这些困境每天都在游乐场上出现，但在编程环境中，我们很难观察到。这里有一些显而易见的课堂情境，比如和某人成为好搭档并与他分享平板电脑，但也有一些更微妙的情形。

例如，乔尼完成自己的项目后，他是应该主动帮助教室里的其他人，还是应该安静地做别的事情？玛丽遇到难题时，是应该不断寻求帮助，还是应该先尽力自己做，以免独占教师的注意力？再次强调，促使儿童做出行为选择、激励他们审视价值观和探索品格的，不是 ScratchJr 编程应用程序本身，而是教师的教学决策和学习环境的创设。

ScratchJr 提供了做同一件事的多种方法，因此儿童需要做出选择。就像在游乐场上一样，编程必须为儿童提供机会，让他们探索“如果……会怎样”的问题，考虑自己的选择有何潜在后果。这些道德和伦理维度存在于生活的所有领域，甚至在编程中也是存在的。在设计 ScratchJr 时，我们小心翼翼地坚守着游乐场的隐喻。当我们发现自己受到工具本身的限制时，我们便开发了课程和活动来帮助教师、家长创设游戏性的学习环境，以促进正向技术发展的 6 个 C。然而，尽管我们尽了最大努力，我们还是受到平板电脑屏幕的限制。在游乐场上发生的事情之所以神奇，很大程度上是因为儿童可以自由活动，用他们的身体去体验，而不仅仅是思维层面的体验。

为了应对这一挑战，我们为用到多个平板电脑的项目开发了课程指南。我们的目标是为儿童创造机会，让他们把注意力从屏幕上转移到彼此身上。通过使用多个平板电脑共同创建一个流畅、连贯的故事或游戏，儿童也能更深入地参与设计过程，并扩展他们的 ScratchJr 编程技能。例如，一组儿童创建了“疯狂动物”（Whack-Animal）游戏，在这个游戏中，他们让 ScratchJr 中的动物角色在不同的时间出现或消失。然后，他们把平板电脑放在房间各处，按下所有平板电脑上的绿旗，让游戏开始。随后，他们会在房间里奔跑，并在动物角色出现在屏幕上时，通过拍打它们来得分（见图 11.11）。“疯狂动物”游戏以及其他示例项目和步骤说明，都可以在技术与儿童发展研究小组网站的《ScratchJr 协作性项目指南》（*Collaborative ScratchJr Project Guide*）中找到。图 11.11 下面的故事说明了如何在实践中开展这种类型的项目。

图 11.11　6 名儿童在玩 ScratchJr“疯狂动物”游戏。他们在许多不同的平板电脑上编写了相同的程序，这样他们就可以绕着桌子跑，在动物出现的时候拍打它们；一个额外的平板电脑用于记录得分

里维拉先生是二年级的老师。去年的秋季学期，他把 ScratchJr 作为下午的可选活动介绍给他的学生。到了今年的春季学期，他的大多数学生已经可以非常熟练地操作 ScratchJr 界面和创建简单项目。里维拉先生注意到，他的学生一直反复要求“更多的编程时间”，于是他迫切地想将 ScratchJr 融入一天中的其他时段，也许是他的某一节科学课中。他的班级即将结束天文单元的学习，所以里维拉先生在他们的最终项目中加入了使用多个平板电脑的 ScratchJr 环节。他

的学生非常兴奋。他们两人一组设计自己的地球角色，并为地球设定从屏幕左侧移动到右侧的程序。

每个人都做好分享的准备后，里维拉先生策划了特别的“环太阳旅行”。学生们装扮成宇航员，穿着手工制作的宇航服，手拿平板电脑聚集在太空主题的地毯上。他们把平板电脑摆成一个圆圈，里维拉先生打扮成太阳的样子坐在圆圈中间。他们一个一个地轮流运行自己的程序，耐心地等待一个程序结束后再开始下一个程序，以此表现地球围绕太阳旋转。一名叫纳迪亚的学生惊呼道：

等一下！这3个平板电脑上都有一个雪白的地球！它们应该挨着摆放。那边的地球上有我们春天的花和树，也许我们应该按季节把平板电脑分类。

其他学生同意了，并围绕圆圈交换了位置。下课时，里维拉先生录制了呈现最终项目的视频，并将其发送给家长。他表示，这项活动引发了许多关于季节和行星的对话，并使学生们成为富有创造力的思考者和故事讲述者。

这个协作性的 ScratchJr 项目是一个示例，说明如果以创造性的方式使用屏幕，也可以产生游乐场式的体验。然而，有形的物理实体更有利于我们通过身体动作获得游乐场式的体验。在实体空间中玩耍和操纵有形物体的能力，可能有助于理解更复杂、更抽象的概念。此外，游乐场上的物品不会影响儿童的互动、面对面的交流或眼神交流，而平板电脑会。我的另一个项目，KIBO，能够解决其中的一些问题。下一章将对此展开讨论。

参考文献

Bers, M. U. (2010). The tangible K robotics program: Applied computational thinking for young children. *Early Childhood Research and Practice*, *12*(2), 1–20.

Bers, M. U. (2018). Coding and computational thinking in early childhood: The impact of ScratchJr in Europe. *European Journal of STEM Education*, *3*(3), 08.

Bers, M. U. & Resnick, M. (2015). *The official ScratchJr book*. San Francisco, CA: No Starch Press.

Bers, M. U. & Sullivan, A. L. (2019). Computer science education in early childhood: The case of ScratchJr. *Journal of Information Technology Education: Innovations in Practice*, *18*, 113–138.

Flannery, L. P., Kazakoff, E. R., Bontá, P., Silverman, B., Bers, M. U. & Resnick, M. (2013). Designing ScratchJr: Support for early childhood learning through computer programming. In *Proceedings of the 12th International Conference on Interaction Design and Children (IDC '13)* (pp. 1–10). New York, NY: ACM.

Govind, M., Relkin, E. & Bers, M. U. (2020). Engaging children and parents to code together using the Scratchjr app. *Visitor Studies*, *23*(1), 46–65.

Portelance, D. J. & Bers, M. U. (2015). Code and tell: Assessing young children's learning of computational thinking using peer video interviews with ScratchJr. In *Proceedings of the 14th International Conference on Interaction Design and Children (IDC '15)* (pp. 271–274). Boston, MA: ACM.

Relkin, E. & Bers, M. U. (2019). Designing an assessment of computational thinking abilities for young children. In L. E. Cohen & S. Waite-Stupiansky (Eds.), *STEM for early childhood learners: How science, technology, engineering and mathematics strengthen learning* (pp. 85–98). New York, NY: Routledge.

Strawhacker, A. L. & Bers, M. U. (2019). What they learn when they learn coding: Investigating cognitive domains and computer programming knowledge in young children. *Educational Technology Research and Development*, *67*(3), 541–575.

Strawhacker, A. L., Lee, M. & Bers, M. U. (2018). Teaching tools, teachers' rules: Exploring the impact of teaching styles on young children's programming knowledge in ScratchJr. *International Journal of Technology and Design Education, 28*(2), 347–376.

第十二章 实物编程语言：KIBO

以斯拉、马克和莎拉正在上学前班。在这个社会学习单元中，他们在了解阿拉斯加和每年三月举行的艾迪塔罗德狗拉雪橇比赛。他们选择了一名驾驶雪橇的选手（一个强壮的男人或女人，带领雪橇犬拉着雪橇穿越阿拉斯加），然后在互联网上追踪其行进路线，为他们的团队赢得比赛而欢呼。他们知道了每只狗的名字、需求和习惯，以及在恶劣的天气下驾驶雪橇的人必须携带的物品。

教室的墙上有一张巨大的阿拉斯加地图，标有阿拉斯加州从威洛到诺姆的各个检查站。以斯拉、马克和莎拉通过研究比赛路线来学习地理。他们还通过老师多兰太太为他们朗读的一本书来了解艾迪塔罗德的历史。1925 年，一场白喉疫情威胁着诺姆，诺姆的抗毒素血清已经没有了。最近的抗毒素血清在 500 英里外的安克雷奇，就在威洛附近。将抗毒素血清送到诺姆的唯一方法是雪橇。人们规划了一条安全的路线，先是用火车，然后是用 20 架雪橇和 100 多只雪橇犬。雪橇犬接力奔跑，把 20 磅重的血清送到了目的地。从那时起，每年艾迪塔罗德狗拉雪橇比赛都会重现这一事件。多兰太太班上的孩子们都了解这件事。

以斯拉、马克和莎拉研究了阿拉斯加的城镇和地理，了解到阿拉斯加有哪些崎岖的地形和平坦的道路。他们已经围绕这个主题进行了两个多星期的探究，今天是检验他们所有知识的时候了：不是通过考试或完成练习题，而是用 KIBO 机器人重现艾迪塔罗德狗拉雪橇比赛。

多兰太太给他们提出了一个挑战——创建机器人并对它编程，让机器人从威洛开始，从一个检查站行驶到下一个检查站，到诺姆结束，携带所有必须携带的物品，以及为生病的孩子准备的“血清”。每个小组都收到一张厚纸板（纸板的两端各有一个检查站），还有一个 KIBO 机器人。首先，他们需要绘制从一个检查站到下一个检查站的路线，并按照该地区的地理情况来装饰纸板。其次，他们需要在机器人上面建造一个平台，这个平台可以装载所需的一切（包括“血清”），还要保证安全运输，直到抵达下一个检查站并把“血清”传递给下一个团队。平台需要建造得足够坚固，因为阿拉斯加的地形崎岖不平，他们不希望东西都从机器人雪橇上掉下来。最后，他们需要对机器人编程，使它能够安全地从一个检查站到达下一个检查站。

多兰太太在图书馆的地板上把厚纸板拼接在一起，制作了一张巨大的阿拉斯加地图——他们需要一个很大的工作空间，而教室不够大，所以选择了图书馆。多兰太太为每个小组中的孩子分配“工作”：艺术家、工程师和程序员。她让孩子们走到摆放着所需材料的桌子前。有些孩子在抱怨，因为不喜欢分配给他的工作。多兰太太向他们保证，所有的孩子都会体验每一种工作，而且在每一种工作上花的时间都会是一样的。

艺术家马克走到艺术材料桌前，拿起马克笔、蜡笔、回收材料、棉球和胶水。他想用雪、树、山和一群狐狸来装饰纸板。莎拉和以斯拉都想当工程师。经过一番讨论后，他们同意莎拉先担任这个角色，然后是以斯拉。莎拉走到机器人桌前，抓起三个发动机、三个轮子和两个木制平台。她还拿了一个 KIBO 灯泡和一堆传感器——她还不确定那些是什么，但她想拿。程序员以斯拉走到一张桌子前，桌子上摆满了箱子，箱子里有各种各样的积木块，上面标有颜色、图画和他看不懂的单词，一侧有个木销，另一侧有个洞。这就是 KIBO 的编程工具。按照多兰太太的提示，以斯拉选择了一块绿色的“开始”积木来启动程序，选择了一块红色的“结束”积木来结束程序。然后他抓起尽可能多的彩色积木。

不久，三个孩子在阿拉斯加地图上属于他们的位置再次见面。随着每个小组开始工作，图书馆变得嘈杂起来。有很多事情要决定。莎拉造了一个机器人，两侧各有一个发动机和一个轮子，顶部有一个发动机和一个移动平台。她添加了一个灯泡和三个传感器：一个是用来探测声音的“耳朵”，一个是用来探测距离的“望远镜”，一个是用来探测光线的“眼睛”。机器人已经准备好了，但必须给它编程，否则它就不会移动。马克想让机器人沿着他在纸板上画的路线移动。以斯拉不确定需要在绿色的“开始”和红色的“结束”之间放多少块蓝色的“前进”积木。他把四块“前进”积木组合在一起，让莎拉试一试。莎拉开始扫描积木。她拿着机器人，观察从扫描仪发出的红光，确保它“醒着”。她将扫描仪的光线对准积木上的条形码，然后开始一一扫描。每次机器人亮起绿灯时，马克都会对她说“对了”，表示扫描成功。他们完成对 KIBO 的编程后，把它放在纸板上，想看看会发生什么。

“它走得还不够远，”莎拉说，“它还需要至少两块‘前进’积木。”“我不这么认为，”以斯拉回答，“我想我们还需要五块‘前进’积木。”随后他们又进行了几次交流，忙着估算距离、预测还需要多少步，然后他们决定试运行一下。经过反复试错，他们成功了。现在，他们已经准备好让这趟旅程变得更加精彩。他们决定，让机器人一听到拍手的声音（表明“血清”已经装载好了）就开始移动。他们还决定，让机器人在到达下一个检查站之前摇晃并亮起红灯，以提醒下一个团队做好准备。

当孩子们开始为他们的 KIBO 雪橇编程并尝试进行接力赛时，图书馆变成了一个游乐场。孩子们忙于各自的工作：有的在绘画和装饰，有的在用积木编程，有的在用胶带和塑料杯建造能让“血清”安全运输的牢固装置，有的正在试验各个传感器，有的在用数学计算距离，有的则在检查站之间奔跑着为机器人欢呼。他们都非常投入。

我们能听到成功的欢笑声和受挫的叹息声，也能听到许多问题和答案。孩子们互相交流，也和图书馆里的成人交流。他们完全沉浸并专注于活动中。多兰太太计划在这个主题结束前进行一次展演，邀请孩子们的家人和朋友观看机器人比赛，为各个团队加油。大多数父母都迫不及待地想看看，还不会读写的学前班小朋友是如何给机器人编程的。

KIBO：工具介绍

KIBO 是专门为 4—7 岁儿童设计的机器人套件。年幼的儿童往往是在“做中学”，因此，KIBO 为他们提供了做事情的机会。儿童可以建造自己的机器人，按照自己的想法为其编程，并用艺术材料装饰它。KIBO 让儿童有机会将想法付诸实践，而且它是实物编程工具——不需要在计算机、平板电脑或智能手机上使用屏幕。

KIBO 的概念、原型和研究 2011 年始于我的技术与儿童发展研究小组，当时我们获得了美国国家科学基金会的慷慨资助。2014 年，KIBO 通过我与米奇 · 罗森堡共同创立的公司 KinderLab Robotics 在全球范围内进行销售。KIBO 以游乐场的方式进行设计，支持儿童制作几乎任何东西——故事中的角色、旋转木马、舞者、狗拉雪橇。它就像儿童的想象力一样，有着无穷无尽的可能。儿童可以用积木将一系列的指令（一个程序）组合在一起。然后，他们可以用 KIBO 的主体扫描积木，告诉机器人该做什么。最后，他们只需按下“开始”按钮，机器人就“活”了。KIBO 支持儿童成为程序员、工程师、问题解决者、设计师、艺术家、舞蹈家、编舞和作家。

作为一个机器人建构套件，KIBO 由硬件（机器人主体、轮子、发动机、光输出器、各种传感器和艺术平台）（见图 12.1）和软件（由可拼接积木构成的实物编程语言）组成。

图 12.1　带有传感器和光输出器的 KIBO 机器人

每块积木上都有彩色标签，上面有图标、文字和条形码。积木的一端是洞，另一端是木销（见图 12.2）。这些积木不包含电子或数字组件，取而代之的是 KIBO 机器人上的一台嵌入式扫描仪。该扫描仪允许用户扫描积木上的条形码，并立即将相应的程序发送给机器人。使用 KIBO 编程，不需要使用电脑、平板或其他形式的“屏幕时间”。这一设计符合美国儿科学会的建议，即需要限制年幼儿童每天在屏幕前的时间（American Academy of Pediatrics, 2016）。KIBO 的编程语言包含 21 块独立的积木。其中一些积木很简单，而另一些积木则代表复杂的编程概念，包括重复循环、条件和嵌套语句。

图 12.2　KIBO 程序示例。这个程序告诉机器人要旋转、亮蓝灯、摇晃

KIBO 使用积木的灵感来自早期实物编程的启发。1970 年代中期，麻省理工学院 LOGO 实验室的研究员拉迪亚 · 珀尔曼（Radia Perlman）首次提出了实物编程的概念（Perlman, 1976），它在近 20 年后重新得到重视（Suzuki & Kato, 1995）。随后，世界各地的几个研究实验室创建了一些实物编程语言（如 Google Research, 2016; Horn, Crouser & Bers, 2012; Horn & Jacob, 2007; McNerney, 2004; Smith, 2007; Wyeth & Purchase, 2002）。

和任何其他类型的计算机语言一样，实物编程语言是一种告诉处理器该做什么的工具。在基于文本的语言中，程序员使用诸如 BEGIN、IF 和 REPEAT 这样的词语向计算机发出指令。后来，有了视觉语言（如 ScratchJr），文字被图片取代，可通过在屏幕上排列和拼接图标来表达程序。与它们不同的是，实物编程语言使用实物对象来表征计算机编程的各个方面（Manches & Price, 2011）。

使用 KIBO，儿童可以通过排列和拼接积木，给机器人下达指令。这些积木的物理属性用于表达和执行语法。例如，KIBO 的"开始"积木没有洞，只有一个木销，因为没有任何东西可以放在开始之前；而"结束"积木没有木销，只有一个洞，因为在程序结束后没有指令可以执行（见图 12.3）。KIBO 中的编程语法（即积木的拼接顺序）旨在支持和加强年幼儿童的排序技能。

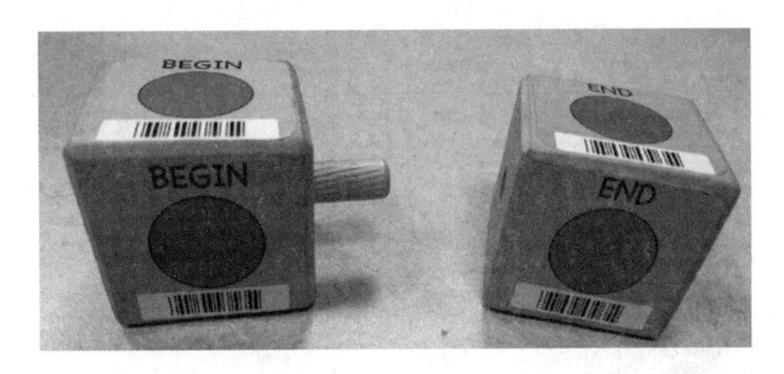

图 12.3　KIBO 的“开始”积木和“结束”积木

为什么要使用积木来构建 KIBO 的编程语言？积木对于年幼儿童和教师来说是熟悉而舒适的，几乎每个幼儿教室里都可以找到。它们是幼儿教室中的传统学习工具，经常用于认识形状、大小和颜色（Froebel, 1826; Montessori & Gutek, 2004）。表 12.1 列出了 KIBO 当前可用的编程积木。随着新传感器模块的开发，新的编程积木也将随之发布。

表 12.1　KIBO 的编程语言

KIBO 编程积木	积木功能
BEGIN 开始	每个程序的第一块积木，它告诉机器人开始运行
END 结束	每个程序的最后一块积木，它告诉机器人停止运行
FORWARD 前进	让 KIBO 前进几英寸
BACKWARD 后退	让 KIBO 后退几英寸
SPIN 旋转	让 KIBO 转个圈

续表

KIBO 编程积木	积木功能
SHAKE 摇晃	让 KIBO 左右摇晃
TURN LEFT 左转	让 KIBO 左转
TURN RIGHT 右转	让 KIBO 右转
WHITE LIGHT ON 亮白灯	让 KIBO 的灯泡发白光
RED LIGHT ON 亮红灯	让 KIBO 的灯泡发红光
BLUE LIGHT ON 亮蓝灯	让 KIBO 的灯泡发蓝光
SING 唱歌	让 KIBO “唱歌”（即播放一系列自带的音乐）
BEEP 发出哔声	让 KIBO 发出一声“哔”
PLAY △ PLAY ○ PLAY □ 播放	播放使用 KIBO 录音机录制的声音

续表

KIBO 编程积木	积木功能
等待拍手	连接上声音传感器后，它会让 KIBO 停止并等待拍手的声音，然后才能继续执行下一个动作
开始重复循环	开启一个“重复循环”（就像打开了括号）。重复循环允许用户区隔出一系列指令，让 KIBO 对其重复特定的次数
关闭重复循环	关闭“重复循环”（就像关闭了括号）
开启条件语句	开启一个“条件语句”（就像打开了括号）。条件语句允许 KIBO 根据传感器输入决定要做什么
关闭条件语句	关闭“条件语句”（就像关闭了括号）
重复 2 次　重复 3 次　重复 4 次　无限循环 靠近时　远离时　亮时　暗时 亮　暗　近　远	除了 KIBO 当前语言中的 21 块积木之外，还有 12 个参数可以用来修改“重复循环”和“条件语句”，以便告诉 KIBO 重复几次动作或对哪种类型的传感器输入做出反应

除了实物编程语言，KIBO 机器人还配备了传感器和执行器（发动机和灯泡），以及艺术平台。这些模块可以在机器人身上互换位置、灵活组合。

每种传感器的外观设计都是为了表达实际意义。例如，耳朵形状的是声音传感器，眼睛形状的是光传感器，望远镜形状的是距离传感器。在认知发展的前运算阶段的后期（4—6 岁），儿童会将自己通过文化学到的符号系统扩展、应用到与物理和社会世界的交互中——因此我们明确强调，外观设计要具有符号表征的特征。

“感知”（sensing）是机器人从周围环境收集信息并做出反应的能力。声音传感器用来区分“有声”和“安静”两个概念。通过编程，机器人可以在有声音的时候做某事，在安静的时候做其他事情，反之亦然。光传感器用来区分“黑暗”和“光亮”两个概念。通过编程，机器人可以在亮时做某事，在暗时做其他事情，反之亦然。距离传感器用于检测机器人离某物是更近了还是更远了。可以对机器人编程，让它靠近某物时做某事，远离某物时做其他事情，反之亦然。录音机模块具有输入和输出功能（见图 12.4）。录音机让 KIBO 能够录制声音（输入），也可以使用相应的编程积木播放声音（输出）。光输出器的形状类似灯泡，用跟传感器完全不同的透明塑料制成，让年幼儿童也不会混淆输入和输出的概念（见图 12.5）。

图 12.4　KIBO 的录音机和相应的编程积木

图 12.5　三个传感器（从左到右依次感知距离、声音和光）和一个灯泡

传感器的使用可以与大多数儿童早期课程（探索人类和动物的感觉）保持一致。例如，在很多幼儿园教室中，儿童已经在探索自己的五种感觉（视觉、听觉、味觉、触觉和嗅觉），他们可以将这些知识应用于探索 KIBO 机器人的传感器。例如，他们可以将自己的耳朵比作 KIBO 的声音传感器。

KIBO 机器人有三个发动机，其中两个可以连接到机器人的两侧，用于移动；另一个可以安装到顶部，用于连接旋转艺术平台等附加元件。儿童可以决定连接哪个发动机，但不能控制发动机的转动速度。这一设计特点既强调了为儿童创造灵活、激励性的学习环境的重要性，也防止了年幼儿童工作记忆过载，考虑到了他们注意力持续时间有限的年龄特点。

KIBO 工具包还包含用于艺术创作的艺术平台和表达模块（见图 12.6）。儿童可以用这些艺术材料让他们的项目更为个性化，并促进 STEAM 的整合。艺术平台安装在 KIBO 的顶部，可以是静止的，也可以是运动的，为儿童提供了创造性使用不同材料的场景。此外，旋转艺术平台能够发挥机器人的更多功能。例如，儿童可以用它构建动态雕塑和动态立体模型。表达模块包括白板、马克笔和旗杆。儿童可以在白板上用图片和文字进行装饰，也可以用纸或布制作自己的旗帜并插在旗杆上。除了这些核心组件，KIBO 还可以通过几个扩展模块进行增强，包括带有弹射臂的“罚球”扩展套件，儿童可以通过编程发射一个乒乓球，以探索物理学和力的概念；与乐高等建构套件兼容的积木扩展套件，可用来装饰 KIBO；还有马克笔扩展套件，允许儿童将马克笔固定到 KIBO 的身体上，通过编程控制马克笔的运动，从而创作视觉艺术作品。KinderLab Robotics 的网站上会定期添加新的扩展套件和模块。

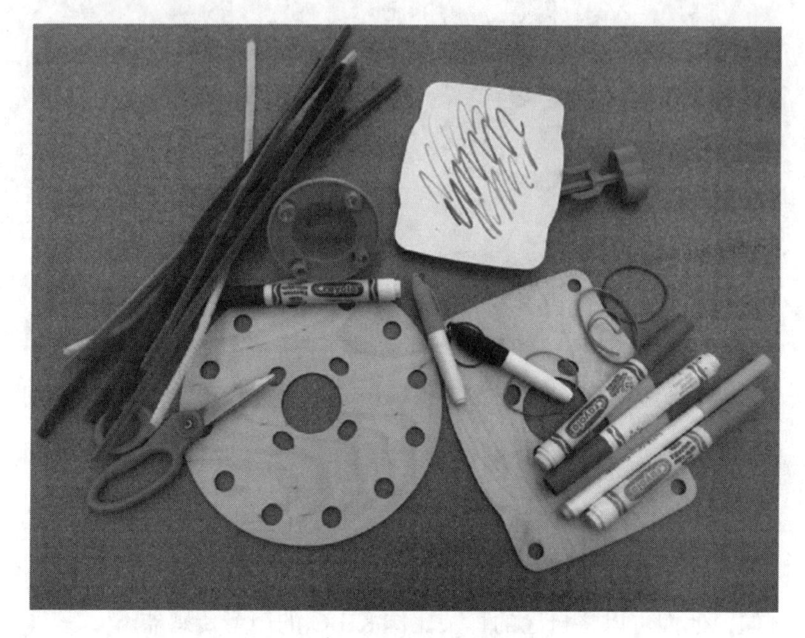

图 12.6　艺术材料和 KIBO 的艺术平台、白板

KIBO：设计过程

最初，早在 2011 年，KIBO 有一个不同的名字。我们称它为 KIWI（Kids Invent With Imagination，意思是“儿童用想象力进行创造”）。我的技术与儿童发展研究小组的学生选择了这个首字母缩写词，但是后来，我们发现这个名字可能存在版权冲突，因此把名字改成 KIBO。我喜欢这个名字的发音。我们认为，它是单词 kids 和 bot（来自 robot，即机器人）的组合。

KIBO 在问世之前经历了多次迭代。美国国家科学基金会资助了每次迭代的研究，我们还成功地从众筹活动中获得了额外的资金。在开发和测试的每一个阶段，我们都与教师、儿童和专家合作，力求创建一个与儿童年龄相符的机器人套件，这个套件要直观且引人入胜，但也要具有足够的挑战性以支持儿童新的学习。

我们希望 KIBO 能够支持儿童早期的发展适宜性实践（Bredekamp, 1987）。

发展适宜性实践是一种教学方法，建基于对儿童如何发展和学习的研究，以及对有效早期教育的了解（Bredekamp, 1987; Copple & Bredekamp, 2009）。我们还希望它成为实物编程的游乐场，使儿童可以接触计算机科学的强大思想并发展计算思维，同时参与正向技术发展框架中的6种正向行为。基于此，KIBO的设计思路如下。

- 年龄适宜性：建立合理的预期，即哪些内容对年幼儿童来说是有趣的、安全的、可实现的和具有挑战性的。
- 个体适宜性：可供在技术领域具有不同学习风格、背景知识、接触机会和技能，以及具有不同发展能力和自我调节能力的儿童使用。
- 社会和文化适宜性：可以与多个学科相结合，并支持符合各州和国家规定框架的跨学科课程的教学。

我们对KIBO的早期研究得益于一些先导研究，这些研究使用了商业机器人套件，例如为较大儿童设计的乐高的WeDo和头脑风暴（MINDSTORMS）系列。我们通过观察儿童遇到的挑战和得到的发现，并与教师谈论他们的经历来了解情况。大多数早期研究都在我的《从积木到机器人》（Bers, 2008）一书中进行了总结。在一些研究中，我们使用了这些套件附带的商业软件；其他的研究中，我当时的学生麦克·霍恩（Mike Horn）将乐高头脑风暴系列的黄色积木与一种实物编程语言（这种语言是他博士研究的一部分，叫作TERN）连接起来（Horn, Crouser & Bers, 2012）。后来，我小组中的另外两名学生，乔丹·克劳泽（Jordan Crouser）和戴维·基格（David Kiger）扩展了这个项目，并创建了编程语言CHERP（Creative Hybrid Environment for Robotic Programming，即“机器人编程的创造性混合环境”）（Bers, 2010）。TERN和CHERP都需要一个连接到台式机或笔记本电脑的标准网络摄像头，用于拍摄程序的照片；程序中的积木或拼图包含圆形条形码，视觉软件很容易读取，然后计算机将图像转换成数字代码。我们进行了大量的研究，以了解对于这些机器人套件哪些做法可行、哪些不可行，以及哪些需要调整（Sullivan, Elkin & Bers, 2015）。

从先导研究和焦点小组访谈中，我们了解到KIBO的部件需要在物理上和直觉上都易于连接，最好是在没有计算机的情况下就能对其进行编程。我们还了解到，儿童和教师想在机器人核心部件上附加各种手工材料、回收材料，以制作不同类型的作品，包括固定式的和移动式的。基于这些普遍性原则，我们拟定了一个清单以确定所需的设计功能，并通过美国国家科学基金会的资助，聘请了一个顾问团队开发初始原型来实现这些想法。第一个 KIBO 原型（当时称为 KIWI）是用 CHERP 编程的，需要使用一台电脑和一个网络摄像头拍下积木的照片，然后通过 USB 线将程序发送给机器人。这个机器人由实木和不透明的蓝色塑料模块构成（见图 12.7）。

图 12.7　KIWI 原型

我们手工制作了 10 个原型，并在焦点小组访谈、专业发展研讨会和课堂中对其进行了测试（Bers, Seddighin & Sullivan, 2013; Sullivan & Bers, 2016; Sullivan, Elkin & Bers, 2015）。我们询问教师会选择 KIBO 的哪些设计，以及它是否适合：①学习牢固装置和结构等基础工程概念；②学习基本的编程概念，如排序、重复循环和条件分支；③学习开放式创作和艺术设计。

教师们普遍很兴奋，并对实木的使用和原始设计的简洁性非常感兴趣。然而他们也指出，这种原始设计要想在教室中持续可行地使用，可能会面临一些障碍。他们认为，编程机器人应该较少使用甚至不使用计算机设备，这从资源供给角度（例如，大多数教师所在的机构没有足够的计算机，因此只有有限的设备可以访问这些资源）和发展适宜性角度（例如，教师担心屏幕时间和儿童操作键盘、鼠标的熟练度）来说都是很重要的。

2013 年，我们收集了 32 名儿童早期教育工作者的态度、观点和经验数据，以指导原型的重新设计（Bers, Seddighin & Sullivan, 2013）。结果表明，第一个版本的 KIBO 成功培养了儿童基本的编程技能。然而，它的机器人部件太容易组装，不能让儿童充分参与工程问题的解决或创造性的艺术设计。

从第一个原型的早期测试中，我们学到了很多东西。接着，我们聘请了一个新的顾问团队，还有许多志愿者、教师和儿童，与我们一起参与下一个原型的开发。第二个 KIBO 原型的主体是 3D 打印的，不是木质的。它还包括一个嵌入式扫描仪，无须使用计算机。这直接消除了教师们对于在幼儿园教室中使用电脑以及屏幕时间的担忧。此外，新的 KIBO 原型没有在机器人体内安装电子元件的“神奇黑匣子”，而是使用了一个透明的塑料底部，儿童可以直接看到电线、电池、微处理器及其他与机器人功能相关的部件（见图 12.8）。

图 12.8　KIBO 机器人透明的底部

此外，为了解决更多的“工程”需求，我们设计了轮子连接电机的两种方式，促使儿童测试改变轮子的方向会如何使机器人以不同的方式移动。传感器、光输出器的形状和外观也经过重新设计，以解决早期先导研究发现的一些问题。例如，我们将距离传感器（最初是一种不像望远镜的形状）改为看起来更像望远镜的形状。我们还加入了艺术平台，为儿童提供更多的建构和创作方式，扩展了 KIBO 的应用，将艺术、手工、回收材料与机器人组件结合起来。

简单背后的复杂

随着新原型的构建，电路板、机器人组件、机器人主体的外观和功能都发生了变化。但新的原型保留了核心设计原则：简单。KIBO 有一个“即插即用”的连接系统。机器人部件或模块的连接和断开都是直接而方便的，只需插入即可正常工作。此外，KIBO 的设计迫使部件必须按正确的方向组装。

每个编程指令对应机器人的一个动作。每个机器人部件对应一种功能。例如，每个动作只需要一个模块（如电机模块用于移动机器人的齿轮、连接器等）。这种设计支持一一对应能力的发展，后者是儿童认知发展的一个重要里程碑，也是以后取得学业成功所需的基础技能。

KIBO 编程和构建的方法是有限的，机器人组件的类型是有限的，这些组件的组合方式也是有限的，儿童对机器人的控制也是有限的（例如，儿童可以让机器人前进或后退，但不能控制机器人前进或后退的速度）。传感器可以感知刺激的存在与否，但不能感知刺激的变化程度。这个年龄段的儿童通常工作记忆容量有限，他们才刚刚开始在头脑中记住多步骤的指令（Shonkoff et al., 2011）。

KIBO 在每一次原型迭代中都保持着外观的朴素。“未完成”的外观促使儿童用自己富有想象力的创作来完善机器人。KIBO 就像一张空白的画布或一块未经雕琢的黏土，激励儿童往上面添加内容。这可以发展儿童的各种感官和审美体验。KIBO 的设计标准，是让年幼儿童能够轻松操作而不会散架。各组件都比较大，年幼儿童可以安全组装（也就是说，没有他们能吞咽的东西）。KIBO 在 4 岁儿童典型的处理和使用方式（如跌落、撞墙等）下，仍能保持完好无损。这能够支持儿童发展精细动作技能，并丰富他们的自我调节策略。

KIBO 的设计旨在将解决问题的重点从低级问题（即语法和连接错误）转移到高级问题（即创建与目标匹配的程序）。机器人的重量和尺寸都很适合年幼儿童动手操作，而且也适合他们互相分享以促进社会互动。这能够支持儿童以一种具有发展适宜性的方式解决问题，同时兼顾了他们的自我调节能力。此外，它还可以促进计算素养的发展，使机器人能够用于个人表达和交流。

KIBO 可以很容易地与读写能力结合起来。KIBO 的编程语言将图像与单词匹配，让儿童探索排序的概念，而排序是读写能力发展中的一项基本技能。发展适宜性实践提倡跨学科课程，KIBO 则支持综合学习。例如，儿童会遇到诸如数量、大小、测量、距离、时间、计数、方向和估计等概念；与此同时，他们还会学习和应用新的词语，与教师和同伴交流，在设计日志上用文字和图画做记录。

从实验室走向世界

多年来，我的技术与儿童发展研究小组对 3D 打印的 KIBO 原型开展了许多研究。研究表明，从幼儿园开始，儿童就可以掌握基本的机器人操作和编程技能，而年龄较大的儿童（一、二年级学生）可以在相同的时间内掌握更复杂的概念（Sullivan & Bers, 2016）。我们根据对儿童和教师的先导研究，对原型进行了迭代与重新设计（Sullivan, Elkin & Bers, 2015）。

除了 KIBO，我们还开发了课程、教学材料和评价工具。教学材料包括游戏、歌曲和活动（其中许多可以在不使用机器人或积木的情况下进行探索），可以强化通过 KIBO 引入的计算和工程概念。我们开发了十几个课程单元，将 KIBO 与 STEM 学科以及社会科学、文学和艺术结合起来。这些课程单元符合国家和国际 STEM 标准。例如，“物体如何移动”，探索与运动、光线和摩擦相关的基础物理知识，同时让儿童进行与工程和计算相关的思考；“感知我们周围的世界”，观察传感器是如何工作的，特别是 KIBO 的三个传感器（光、距离和声音）；“来自世界各地的舞蹈”，让儿童制作机器人并为机器人编程，以表演来自世界各地的舞蹈；“我们周围的模式”，将数学和模式研究与机器人技术相结合。所有这些课程资源都可以在我们的技术与儿童发展研究小组网站免费在线访问。

随着时间的推移，越来越多的人知道了 KIBO。在演讲时，经常有家长、教师、研究人员和从业者问我：“我怎样才能买到 KIBO 机器人套件？”有相当长的一段时间，我都无法回答这个问题，因为 KIBO 只是我们技术与儿童发展实验室中手工构建的原型。我感到很沮丧，常常在想：如果不能让别人获得并使用 KIBO，我的研究还有什么意义？

在与美国国家科学基金会的交流中，我了解到小企业创新研究计划，它可以帮助我们将 KIBO 从实验室带到企业。我知道，我必须与不同领域的人合作，因为我不太知道怎么运营一个企业。我的朋友米奇·罗森堡是几家机器人初创公司的资深高管，在波士顿附近的瓦尔登湖散步时，他决定和我一起追寻他长期以来的梦想：改善 STEM 教育。

我们共同创立了 KinderLab Robotics 公司，目标是将 KIBO 商业化，并在全世界推广。通过小企业创新研究计划的第一阶段和第二阶段，KinderLab Robotics 获得了美国国家科学基金会的资助。此外，我们也通过众筹成功募集到了资金，KIBO 在 2014 年通过 KinderLab Robotics 首次进入商业市场。

今天的 KIBO

自 2014 年面市以来，KIBO 已进入美国及海外的私立和公立学校、博物馆、图书馆、课外活动和夏令营等，用于学习各种各样的课程主题，从科学到读写甚至社会情感，我们还对自闭症儿童进行了先导研究。

在马萨诸塞州萨默维尔的一所公立学校，教师在学前班至二年级实施了机器人课程，目标是促进亲社会行为和社区建设。儿童为机器人编写了程序，让机器人展示他们自己经常忘记的礼貌行为和校规。例如，一名学生创造了一个机器人，它可以提醒学生在集体活动时间认真倾听教师讲话。另一名学生创造了一个机器人来演示如何安静地穿过走廊，只有到达操场时它才会发出很大的声音。

一个夏令营用 KIBO 将读写和艺术以游戏性的方式融入生活。在为期一周的夏令营中，学生们每天阅读不同的书，并对机器人编程，让它们“表演”每本书中他们最喜欢的场景以及不同的结局。作为最终项目，他们阅读了莫里斯·桑达克的代表作《野兽国》。学生们受这个故事的启发，设计并制作了自己的 KIBO 怪兽，并通过编程让它们表演“野兽狂欢”。

在另一个 KIBO 课程中，学生们以“超级英雄”为主题探索机器人和编程（Sullivan, Strawhacker & Bers, 2017）。他们以小组讨论的方式开始，试图回答这个问题：“是什么让一个人成为英雄？”最初，学生们关注的是飞行、超强力量和隐形等超能力。这些都是他们最喜欢的卡通超级英雄（比如超人等）的特点。

然而，当教师引导学生们进一步思考后，他们得出了这样的结论：超级英雄努力在世界上“做好事”。他们列出了一长串他们称为“日常英雄”的人，包括消防员、教师、医生，甚至他们的父母和朋友。他们还讨论了成为“学校超级英雄”的办法，比如帮助老师、课间休息时和落单的人玩以及互相尊重。他们创造的 KIBO 超级英雄机器人，灵感来自他们所了解的真实的日常英雄，以及他们最喜欢的奇幻超能力。例如，许多学生使用传感器赋予他们的 KIBO “超级感官”，让它能够执行非凡的任务。一个男孩用 KIBO 的声音传感器，讲述了他的机器人英雄听到呼救声后去帮助人们的故事。在这些例子中，机器人技术不仅被用于探索工程、编程和设计，还被用于传递重要理念——是什么让我们不仅成为人，而且是成为优秀的人。事实上，在这些例子中，正向技术发展框架中的所有 6 个 C 都发挥了作用。

然而，如果我们想让儿童以这种方式学习机器人，首先要与他们的教师合作。因此，几年前，我们在塔夫茨大学的艾略特 – 皮尔逊儿童研究和人类发展系推出了儿童早期技术（Early Childhood Technology，ECT）方向的研究生课程。这个线上线下混合式学习项目旨在帮助忙碌的专业人士在不同的学习环境中与儿童一起工作，开展适合儿童发展的技术、工程和机器人活动。该项目以技术与儿童发展研究小组进行的研究为基础，重点关注用于游戏性学习的技术工具以及教育空间和技术空间的设计。艾比是美国南方腹地公立学校系统的一名学前班教师，同时也是儿童早期技术项目的一名学生。她正与自己的学生一起专注于一个关于社区小助手的课程单元。她看到她的学生在一次室内课间休息时与 KIBO 玩耍，这让她非常高兴。他们通过课堂上的故事和游戏了解到许多社区辅助工具，于是想象 KIBO 是其中之一。今天，KIBO 被想象成一辆消防车，在街上快速行驶并发出警报声（学生们在 KIBO 录音机模块上录下的警报声）。在线讨论时，艾比与儿童早期技术项目的同学分享了这个活动，并引发了一场讨论：如何通过创建街道标志来整合读写能力？如何在课堂上策划由 KIBO 机器人引发的其他跨学科活动？

欧文是一名负责城市学区创客空间的教师，也是儿童早期技术项目的一名学生。虽然他非常熟悉 3D 打印机、编程语言（如 Python）以及机器人系统（如 Arduino），但他不知道如何将技术教给年幼的儿童。以上这些技术都不适合年幼儿童，但学区要求他在自己的创客空间里接待学前班的儿童。因此，欧文选择加入儿童早期技术项目。欧文在该项目中的任务之一是给 KIBO 编程，让它表演舞蹈，并与他的同行分享程序，作为“来自世界各地的舞蹈”课程单元的一部分。他非常喜欢这个活动，就把它带到了自己的创客空间。作为巡回辅导的一部分，学前班的儿童每周来拜访欧文一次。欧文与学校教师合作，并借助艺术和舞蹈的形式将世界文化融入 KIBO 创客空间活动。学生们为 KIBO 机器人编程，让机器人表演他们挑选的世界各地的舞蹈，并对其进行装饰以展示传统的舞蹈服装。在项目的最终阶段，学生们向他们五年级的阅读伙伴展示了跳舞机器人。随后，在儿童早期技术项目的班级在线讨论课上，欧文展示了这次活动的视频和反思，学生们开展了一场热烈的讨论：如何利用社区展示活动，为儿童的编程工作提供真实的观众？

在塔夫茨大学参加儿童早期技术项目线下暑期实习期间，幼儿教师珍、大卫和玛丽亚一起设计并在艾略特 – 皮尔逊儿童学校实施关于排序的课程。以艾瑞·卡尔的图画书《好饿的毛毛虫》为灵感，幼儿园 4 岁的孩子们用手工材料制作出他们最喜欢的食物，并把它们在教室的地毯上排成一行。三位教师在集体活动时间介绍 KIBO。他们向孩子示范了三个人如何用一个机器人进行小组合作：珍为 KIBO 创建一个简短的程序，玛丽亚扫描，大卫装饰艺术平台。孩子们对 KIBO 编程，让它路过食物并“吃掉”食物，他们称之为“好饿的 KIBO”。他们分工尝试了每一种角色。当 KIBO 经过香蕉、意大利面、冰激凌等食物时，孩子们会大声喊出自己制作的食物的名字。孩子们喜欢和他们的 KIBO 一起跳舞，并假装吃着想象中的食物。回到儿童早期技术项目的研讨室，讲师兼项目经理安吉·卡尔托夫邀请珍、大卫和玛丽亚分享他们的教学经验。他们阐述了如何根据孩子们的需要，运用他们在该项目中学到的知识来策划课程，以及如何使用教室里的地毯来引导孩子们的游戏。珍分享道：“这对我来说是儿童早期技术项目最棒的部分——与大家分享，并从你们所有人那里获得灵感！”儿童早期技术项目所有的学生都花了几分钟时间与三位教师分享下次扩展活动的想法，然后进入另一个小组的分享时间。

从上面描述的多样化的经验可见，KIBO 为学习如何编程提供了一个游乐场。然而，教师和儿童不仅发展了技术型技能与计算思维，而且还参与了第十章提出并阐述的正向技术发展框架的 6 种正向行为：协作、沟通、社区建设、内容创建、创造力和行为选择（Bers, 2012）。

KIBO 和正向技术发展

KIBO 允许儿童创建自己的机器人并对它们的行为进行编程（即内容创建）。创建机器人所需的工程设计过程和编程所涉及的计算思维，可以发展儿童的计算素养和技术流利性。

写设计日志（见图 12.9）让儿童（以及教师和家长）可以了解自己的想法、学习路径，以及项目随着时间推移发生的演变。设计过程的正式步骤——提问、想象、计划、创作、测试和改进、分享——为儿童提供了系统解决问题的工具。

图 12.9　工程设计日志

KIBO 提升的是解决问题的创造力，而不是解决问题的效率。这是由单词 engineering（工程）的原意决定的，engineering 一词源于拉丁语 ingenium，意为“与生俱来的品质、精神力量、聪明的发明”。通过创造性地解决技术问题的过程，儿童会增加对自己学习潜力的信心。

大多数针对年龄较大儿童的教育机器人计划，例如全美机器人挑战赛（National Robotics Challenge）和FIRST（For Inspiration and Recognition of Science and Technology，对科技的灵感与认知）机器人竞赛，都是机器人必须完成给定任务的竞赛，通常目标是超越其他机器人。然而，研究表明，女孩往往对强调竞争的教学策略不感兴趣；此外，这种策略在儿童早期环境中可能并不总是合适的（Bers, 2008）。就像多兰太太和儿童早期技术项目的例子所展示的，使用KIBO的学习环境不再以竞争为中心，而是鼓励分享和互相关爱。

正向技术发展框架说明了提供沟通机会的重要性。虽然围绕KIBO的大部分工作是在团队中进行的，但我们也鼓励儿童以结构化的方式进行沟通，不仅是与同学和教师进行一对一的沟通，而且也与整个班级进行沟通。在技术圈时间，教师会邀请儿童展示他们的项目，并问一些问题，比如："哪些部分像预期的那样成功了，哪些没有？""你想完成什么？""为了实现它，你需要知道什么？"然后，教师利用儿童的项目和问题来突出相关的强大思想。

使用KIBO进行学习，意味着"困难之趣"和大量的工作。按照正向技术发展框架，需要有一个开放的空间用于邀请朋友和家人来观看KIBO项目、尝试KIBO项目。与多兰太太的学前班课堂上发生的事情类似，大多数成人在亲眼看到之前都不敢相信，年幼儿童能创造出如此复杂的项目。展示项目使学习对其他人可见，也对儿童自己可见。

正向技术发展框架的最后一个C是行为选择，它提醒教师要为儿童提供尝试"如果……会怎样"问题和潜在后果的机会。然而，做出行为选择的不仅是儿童，也包括教师。例如，如果全班的KIBO传感器按类型分类放在房间中央的箱子里（而不是作为事先分好的机器人套件发下去），儿童就会学会拿他们需要的东西，而不会把箱子里"最想要的"部件都用完。在此过程中，他们也会学习如何协商。正向技术发展框架指导我们帮助年幼儿童发展内在准则，以公正和负责任的方式行事，而不仅仅是成为KIBO机器人专家。

从布宜诺斯艾利斯到新加坡

上面的大多数例子都展示了各个班级或学校、博物馆、图书馆如何以不同的方式使用 KIBO 机器人。然而，有些国家采取了自上而下的方式，将 KIBO 融入儿童早期教育。

例如，2018 年，阿根廷布宜诺斯艾利斯市教育部的索莱达・阿库尼亚部长决定从初始阶段——幼儿园和学前班阶段开始实施机器人教育，以贯彻该国教育部新指导方针的要求，即所有阶段的教育都要教授编程和机器人技术。阿根廷为首都布宜诺斯艾利斯大约 400 所学校提供了教师专业发展培训和 KIBO 工具箱，迈出了在儿童早期引入计算思维的第一步。

瓦莱里娅・拉瑞特是布宜诺斯艾利斯教育部的一名数字教育指导师。她说："在儿童早期，阿根廷的公立学校重视程度不够，没有将数字技术作为教学资源引入。现在有了这个新项目，我们不仅引入了机器人，还引入了计算思维。"

作为数字教育指导师，瓦莱里娅支持将 KIBO 等新技术整合到课程中。"不同的学校采用不同的方法，"她解释道，"但他们都采用了创造性的方法，将编程整合到其他学习领域中，而我们的工作就是帮助他们。"例如，在玛丽亚・玛尔塔・达拉斯领导的圣女贞德中心幼儿园，KIBO 通过各个学科中的综合课程被引入课堂。在 N5 学校，学前班教师马西奥尼让她班里的孩子给 KIBO 编程，让 KIBO 在不同的站点（代表他们最喜欢的一些项目）停留，借此做一年的回顾。他们对一个装有运动相机的 KIBO 进行编程，指引它通过这些站点，并从自己的视角拍照。在 N17 学校，学前班教师保拉・费雷里在她关于环境保护的课程单元中使用 KIBO。在最终项目中，他们使用艺术和手工材料创设了代表不同环境（如海洋和山脉，这些环境被纸和塑料污染）的场景，并对 KIBO 及其朋友 KIBA 进行编程，让它们做一场环境大扫除，以拯救地球的自然资源。当 KIBO 机器人按指示"清理"环境时，孩子们朗读他们创作的关于保护地球的重要性的文章。这些例子来自布宜诺斯艾利斯的公立学校，展现了课程领域的整合和数字教育指导师的支持，他们帮助教师以独特而富有创造性的方式使用 KIBO。

在世界的另一个地区，新加坡对为什么以及如何将技术引入儿童早期教育采取了不同的方法。新加坡正在将 KIBO 和其他技术引入所有幼儿园。与许多国家一样，新加坡清楚地意识到学校对工程和计算机教育日益增长的需求。随着新加坡成为自动化经济的关键参与者，时任新加坡资讯通信发展局执行副主席的史蒂夫·伦纳德（Steve Leonard）[①] 说："随着新加坡成为一个智能化国家，我们的孩子需要适应使用技术进行创造。"（IDA Singapore, 2015）因此，新加坡政府启动了"PlayMaker 计划"，向更年幼的儿童介绍技术（Digital News Asia, 2015）。该计划的目标是为年幼儿童（4—7 岁）提供数字工具，以具有发展适宜性的方式让他们获得使用技术的乐趣，练习解决问题，并建立信心和培养创造力（Digital News Asia, 2015）。

据新加坡资讯通信媒体发展局 [②] 数字素养和参与部主任林德良先生称，新加坡正试图改变对学前教育环境中的技术的看法，从基于屏幕的方式转变为以创客为中心的方式（Chambers, 2015）。这一愿景与我的游乐场方法是一致的，因此我受邀培训第一批幼儿教师（这是 PlayMaker 计划的一部分），并在不同的园所进行追踪研究，以了解儿童使用 KIBO 的学习成果。新加坡各地的 160 家幼儿园都得到了适合儿童年龄和发展需要的科技玩具，让儿童可以接触机器人、编程、建筑和工程，这些玩具包括：大黄蜂机器人、电路贴纸（Circuit Stickers）、littleBits 电子积木和 KIBO 机器人。此外，幼儿教师还接受了培训和实地支持，以了解如何将这些工具融入课程中。

我们的研究集中在以下几个问题上：

1. 幼儿园儿童接触 KIBO 后，掌握了哪些编程概念？

2. 在参加 KIBO 机器人课程时，儿童在正向技术发展框架各个方面的参与程度如何？

3. 对于参与的教师来说，这次经历是怎样的？他们觉得这个计划的哪些方面是成功的，哪些方面需要改进？

我们的 KIBO 机器人研究是在课程单元"来自世界各地的舞蹈"中进行的。"来自世界各地的舞蹈"旨在通过运用工程和编程工具整合音乐、舞蹈与文化，让儿童学习 STEAM 内容（DevTech Research Group, 2015）。这个单元符合新加坡社会的多元文化特性。新加坡实行双语教育政策，所有公立学校的儿童都以

---

① 史蒂夫·伦纳德于 2013 年 6 月至 2016 年 6 月担任新加坡资讯通信发展局执行副主席。——作者注

② 2016 年 9 月，资讯通信发展局重组为资讯通信媒体发展局。——作者注

英语为主要语言，除了英语还学习另一种“母语”语言，可能是汉语、马来语或泰米尔语。由于新加坡儿童说不同的语言、有不同的文化背景，因此，“来自世界各地的舞蹈”很容易融入幼儿园已经开展过的“文化欣赏与文化意识”单元中。“来自世界各地的舞蹈”课程的实施植根于正向技术发展框架。

在大约 7 周的课程中，教师向儿童介绍新的机器人技术或编程概念。虽然大多数教师在使用技术进行教学方面是新手，但这并没有给他们的教学造成障碍。“尽管我们不太明白，但我们仍然非常感兴趣。我们接触它，不断学习，看它是如何工作的。”一位年轻教师总结道（Sullivan & Bers, 2018）。课程大约每周一次，每次一个小时，直至最终项目，从基本排序到条件语句的各种概念都会覆盖到。在最终项目中，儿童以结对或小组的形式设计、制作和编排来自世界各地的舞蹈。这项活动需要儿童利用自己在整个课程中积累的知识。在项目的最后阶段，所有小组都有一个可以运作的 KIBO 机器人项目，并在最终演示中进行展示。

所有小组都使用了至少两个发动机，并成功地将艺术、手工和回收材料结合在一起来表征他们所选择的舞蹈。许多小组还使用了传感器和高级编程概念，如重复循环和条件语句（Sullivan & Bers, 2018）。儿童和教师也成功地通过音乐、舞蹈、服装和表演等方式整合了艺术。例如，一些小组对 KIBO 进行装饰来代表新加坡不同的民族，并选择了该民族的音乐。一些小组的儿童穿着与他们的机器人所代表的文化相同的服装，和机器人一起表演、跳舞和唱歌。他们的教室变成了游乐场。是什么促成了这一点？是 KIBO 适合儿童发展的设计，课程的开放性，正向技术发展框架与新加坡教育环境下的教学方法之间的良好一致性。

一位在 33 所幼儿园组织实施 PlayMaker 和 KIBO 的运营者组织了学习节活动，新加坡资讯通信媒体发展局前教育 / 行业创新高级主管杨淑玲参观后，分享了孩子们和老师们的努力给她留下的深刻印象。她讲述了一段特别的经历（见图 12.10）：

> 老师们尝试了不同的程序，让 KIBO 像旋转木马一样“转来转去”。最后，他们卸下了轮子并将 KIBO 编程为永远向左转。老师们在这个过程中展现了极佳的协作能力和问题解决能力。我们正在把老师变成工程师！

图 12.10　教师在新加坡学习节上创建的 KIBO 旋转木马

在试点项目结束后，新加坡资讯通信媒体发展局认识到培训幼儿教师的重要性，于是与新加坡幼儿教育工作者协会合作开设课程并提供各种各样的机会，教授如何以具有发展适宜性的方式将技术融入课程。新加坡资讯通信媒体发展局数字素养和参与部主任林德良先生阐释道：

它有助于揭开编程的神秘面纱，并表明每个人都可以学习编程。许多幼儿园继续在新的儿童群体中实施 PlayMaker 计划。令人鼓舞的是，越来越多的教育工作者乐于接受并愿意学习如何将技术整合到他们的课程中。

此外，从 2020 年开始，新加坡资讯通信媒体发展局正在建立一个 PlayMaker 科技玩具图书馆，以支持幼儿教师和幼儿的教与学；同时，通过在社区举办的 PlayMaker 工作坊，向家长和孩子介绍计算思维的概念与益处。

新加坡展现出的远见以及强调从儿童早期开始的理念，并没有被忽视。资讯通信媒体发展局的 PlayMaker 计划自 2015 年启动以来，已经赢得当地及世界各地的奖项和赞誉，如 2017 年 IMS 全球学习影响奖铜奖、2017 年东盟信息通信技术创新奖（公共部门）金奖、2018 年新加坡公共部门转型奖（ExCEL 创新项目）、2018 年新加坡通信及新闻部创新奖（创新项目）金奖。作为一名研究人员、教育工作者以及 KIBO 的设计者，我很自豪能够为这一切做出贡献。然而，如果没有这样一个国家的远见卓识，这一切都不可能发生：这个国家不仅相信教育年幼儿童的重要性，而且愿意做出必要的改变。

参考文献

American Academy of Pediatrics. (2016). Media and young minds. *Pediatrics*, *138*(5), 2016–2591.

Bers, M. U. (2008). *Blocks to robots: Learning with technology in the early childhood classroom*. New York, NY: Teachers College Press.

Bers, M. U. (2010). The tangible K robotics program: Applied computational thinking for young children. *Early Childhood Research and Practice*, *12*(2), 1–20.

Bers, M. U. (2012). *Designing digital experiences for positive youth development: From playpen to playground*. Cary, NC: Oxford University Press.

Bers, M. U., Seddighin, S. & Sullivan, A. L. (2013). Ready for robotics: Bringing together the T and E of STEM in early childhood teacher education. *Journal of Technology & Teacher Education*, *21*(3), 355–377.

Bredekamp, S. (1987). *Developmentally appropriate practice in early childhood programs serving children from birth through age 8*. Washington, DC: National Association for the Education of Young Children.

Chambers, J. (2015). Inside Singapore's plans for robots in preschools. *GovInsider*.

Copple, C. & Bredekamp, S. (2009). *Developmentally appropriate practice in early childhood programs serving children from birth through age 8*. Washington, DC: National Association for the Education of Young Children.

DevTech Research Group. (2015). *Dances from around the world robotics curriculum*.

Digital News Asia. (2015). *IDA launches S$1.5m pilot to roll out tech toys for preschoolers*.

Froebel, F. (1826). *On the education of man (Die Menschenerziehung)*. Keilhau and Leipzig: Wienbrach.

Google Research. (2016, June). *Project Blocks: Designing a development platform for tangible programming for children* [Position paper].

Horn, M. S., Crouser, R. J. & Bers, M. U. (2012). Tangible interaction and learning: The case for a hybrid approach. *Personal and Ubiquitous Computing*, *16*(4), 379–389.

Horn, M. S. & Jacob, R. J. (2007). Tangible programming in the classroom with tern. In *CHI'07 Extended Abstracts on Human Factors in Computing Systems* (pp. 1965–1970). Boston, MA: ACM.

IDA Singapore. (2015). *IDA supports preschool centres with technology-enabled toys to build creativity and confidence in learning*.

Manches, A. & Price, S. (2011). Designing learning representations around physical manipulation: Hands and objects. In *Proceedings of the 10th International Conference on Interaction Design and Children* (pp. 81–89). Boston, MA: ACM.

McNerney, T. S. (2004). From turtles to tangible programming bricks: Explorations in physical language design. *Personal and Ubiquitous Computing*, *8*(5), 326–337.

Montessori, M. & Gutek, G. L. (2004). *The Montessori method: The origins of an educational innovation: Including an abridged and annotated edition of Maria Montessori's the Montessori method*. Lanham, MD: Rowman & Littlefield Publishers.

Perlman, R. (1976). *Using computer technology to provide a creative learning environment for preschool children*. MIT Logo Memo #24, Cambridge, MA.

Shonkoff, J. P., Duncan, G. J., Fisher, P. A., Magnuson, K. & Raver, C. (2011). Building the brain's "air traffic control" system: How early experiences shape the development of executive function. Working Paper No. 11.

Smith, A. C. (2007). Using magnets in physical blocks that behave as programming objects. In *Proceedings of the 1st International Conference on Tangible and Embedded Interaction* (pp. 147–150). Boston, MA: ACM.

Sullivan, A. L. & Bers, M. U. (2016). Robotics in the early childhood classroom: Learning outcomes from an 8-week robotics curriculum in prekindergarten through second grade. *International Journal of Technology and Design Education*, *26*(1), 3–20.

Sullivan, A. L. & Bers, M. U. (2018). Dancing robots: Integrating art, music, and robotics in Singapore's early childhood centers. *International Journal of Technology & Design Education, 28*(2), 325–346.

Sullivan, A. L., Elkin, M. & Bers, M. U. (2015). KIBO robot demo: Engaging young children in programming and engineering. In *Proceedings of the 14th International Conference on Interaction Design and Children (IDC '15)*. Boston, MA: ACM.

Sullivan, A. L., Strawhacker, A. L. & Bers, M. U. (2017). Dancing, drawing, and dramatic robots: Integrating robotics and the arts to teach foundational STEAM concepts to young children. In M. S. Khine (Ed.), *Robotics in STEM education: Redesigning the learning experience* (pp. 231–260). New York, NY: Springer, Cham.

Suzuki, H. & Kato, H. (1995). Interaction-level support for collaborative learning: Algoblock – an open programming language. In J. L. Schnase & E. L. Cunnius (Eds.), *Proceedings on CSCL '95: The First International Conference on Computer Support for Collaborative Learning* (pp. 349–355). Mahwah, NJ: Erlbaum.

Wyeth, P. & Purchase, H. C. (2002). Tangible programming elements for young children. In *CHI'02 Extended Abstracts on Human Factors in Computing Systems* (pp. 774–775). Boston, MA: ACM .

设计原则：面向年幼儿童的编程语言

作为编程游乐场体验的设计师，我需要了解年幼儿童的发展特点以及他们可能参与的编程环境。

儿童早期是人生中一段美好的时光。4—7 岁的孩子好奇、渴望学习，但容易疲劳，注意力持续时间短。他们在“做中学”的时候学得更好，而且喜欢交谈。他们很活跃，也充满活力，但时常需要稍做停顿和休息。他们的粗大动作技能通常发展得较好，精细动作技能则仍在发展当中，因此涉及小肌肉的活动对他们来说可能有困难。他们喜欢有组织的游戏，在意遵守规则和公平。他们富有想象力，喜欢参与幻想游戏。他们往往倾向于竞争、自我肯定和以自我为中心。他们正在学习如何与他人合作，成为团队的一员。他们能够理解别人的感受，但可能意识不到自己的行为会如何影响别人。他们渴望得到表扬和赞许，而且他们的情感也很容易受到伤害。

这个年龄段的孩子成熟度往往不一致，在家里是一种表现，在学校可能是另一种表现；他们可能会在疲劳时倒退，对挫折的容忍度降低。在学业方面，他们的能力有明显的差异：一些孩子可能会阅读、写作，可以轻松地做加减法，而另一些孩子还在努力认识字母和数字。考虑到这些发展特点，为年幼儿童设计编程语言极具挑战性。

用游乐场来比喻编程环境是有用的。它让我们专注于思考：我们希望年幼儿童对技术有什么样的体验？我们希望他们通过编程与他人进行什么样的互动？

我们的设计方式可以引发、鼓励和促进某些体验，同时阻碍其他体验。例如，使用 KIBO 编程允许儿童运用回收材料和手工材料，使用 ScratchJr 编程则会给儿童提供使用计算机工具进行绘画的机会。每种工具都有独特的功能设计，能够提供不同类型的体验。这些体验之所以强大，是因为它们会产生情感影响

（Brown, 2009）。它们能改变我们。它们让我们沉浸其中。它们影响着我们的世界观。它们让我们参与行动。为儿童设计编程语言时，我们必须首先考虑我们希望他们拥有什么样的体验。在游乐场方法中，我们关注的是促进儿童的正向发展，而不仅仅是提高解决问题的能力和掌握编程的艺术。

在之前的工作中，我提出了指导数字环境中儿童正向体验设计的几个维度：发展里程碑、课程联系、技术基础设施、指导模式、多样性、项目规模、用户社区、设计过程、访问环境和财务模式（Bers, 2012）。接下来我会说明如何将这些维度应用于儿童编程。

发展里程碑

年幼儿童的发展需求是什么？他们发展的挑战和里程碑是什么？他们最可能遇到的发展冲突是什么？儿童在不同的年龄完成不同的发展任务。埃里克森（Erikson, 1950）描述了每个发展阶段如何呈现其独特的挑战（他称之为“危机”）。成功的人格发展（或心理社会发展）取决于面对和克服这些危机。埃里克森的心理社会理论提出，在发展中的每个阶段，儿童或成人都面临着对立力量的冲突。

埃里克森描述了从婴儿期到成年期的 8 个阶段（Erikson, 1950）。所有阶段在人出生时就已经存在，但个体只有在生理上发展到这个阶段以及受到相应的文化教养时，这个阶段才正式展开。在每个阶段，个体都会面临新的挑战，并有希望战胜新的挑战。每个阶段都建立在成功完成上一个阶段的基础上。但是，并不是完成一个阶段才能进入下一个阶段。一个阶段的发展结果不是永久性的，可以通过以后的经历来改变。每个阶段往往与生活经历有关，因而也与年龄有关。埃里克森的阶段理论描述了个体由于顺利展现其生物和社会文化力量而成功度过人生的各个阶段。

埃里克森的心理社会理论会如何影响儿童编程语言的设计？让我们来看看 ScratchJr 和 KIBO，它们是为 4—7 岁儿童设计的，涉及埃里克森理论中的两个阶段。一方面，4—5 岁的儿童很可能会经历“主动对内疚”的发展危机。根据埃里克森的说法，当儿童发展出一种目标感时，这个危机就能解决。另一方面，

5—7 岁的儿童处于“勤奋对自卑”的危机之中，提高能力可以解决这个危机。儿童必须应对学习新技能的要求或感到自卑、失败和无能的风险。编程语言需要对儿童有一定的激励，鼓励他们发展目标感和能力。

基于这些知识，我们设计了 ScratchJr 和 KIBO 供儿童进行挑战并通过创建自己的项目、与他人分享来掌握计算机编程。由于认识到儿童自发性活动的重要性，这两种编程环境都可以在最低限度的指导下使用。两者都提供了挑战的机会，并奖励儿童的坚持和积极。我们的设计能够适应不同的学习风格，以及（皮亚杰及其追随者提出的）前运算到具体运算阶段发展连续体中不同的能力发展水平（Case, 1984; Feldman, 2004; Fischer, 1980; Piaget, 1951, 1952）。它们还能在感官技能和自我调节机制方面吸引不同偏好的儿童，并通过一种灵活的、儿童主导的方式支持这种学习（Scarlett et al., 2005; Vygotsky, 1976）。儿童面临的挑战是如何超越他们目前的水平，他们也有机会运用自己获得的新技能。

课程联系

编程会如何促进或阻碍具有年龄适宜性的概念和技能的教学？编程会如何引入儿童在后续的学习中会遇到的强大思想？有时，学习计算机编程本身就是一个目标；但大多数情况下，它是学习其他事物的一种方式。例如，编程涉及顺序和逻辑思维，这些思维方式读写和数学也会涉及。在设计编程语言时，明智的做法是：界面设计不仅要与计算机科学的强大思想相一致，而且要与传统的学校学科相一致。这样可以加强跨学科的课程联系。

例如，在 ScratchJr 中，我们设计了一个可以覆盖在舞台上的网格，以帮助儿童理解 XY 坐标。虽然儿童还没有学习笛卡儿坐标系统，但我们的软件能够提供有助于他们以后理解这些概念的体验。在 KIBO 中，我们提供了从环境中获取输入信息的传感器。大多数早期教育机构都会让儿童探究自己的感官，因此很容易建立课程联系。

技术基础设施

数字环境提供了许多技术平台，它们是为年幼儿童设计计算机编程语言的基础。例如，ScratchJr 是一款可以在平板和电脑上运行的应用程序；KIBO 是一个独立的机器人套件，不需要额外的平台。作为设计师，了解每个平台的优缺点以及它们如何影响工具的可用性是很重要的（Bers, 2018）。例如，虽然从技术角度来看，使 ScratchJr 在服务器上运行并能够在线访问是有意义的，但我们放弃了这个选择，因为大多数早期教育机构都无法在教室里可靠地访问互联网。KIBO 也一样，我们曾尝试让用户通过 3D 打印制作自己的传感器外壳，但后来决定不这么做，因为大多数教师说他们没有机会使用 3D 打印机，也没有时间学习这个打印流程。

指导模式

在为年幼儿童开发编程语言时，我们必须考虑到他们会如何使用这些工具。最可能的情况是，无论是在家里还是在学校，成人会指导他们怎么做。儿童第一次了解这种编程语言后，怎么让他们反复多次进行编程？编程是一项长期性的活动，不是我们只进行一次或通过“编程一小时”活动就能完成的事情。“编程一小时”是很好的入门活动，但就像文本读写能力不会在一小时内培养出来一样，计算能力也不会。儿童每次编程时都需要成人吗？他们能自己访问编程环境吗？在为年幼儿童设计编程语言时，考虑成人可以扮演的角色很重要。成人需要什么样的专业知识？成人在学习过程中是担任教练和导师，还是扮演门卫的角色？他们是否承担着教学的任务？如果有的话，他们应该接受什么样的培训？在 ScratchJr 的案例中，应用程序本身需要由成人安装，但在最初的干预之后，儿童可以通过反复试错来自己解决问题。不过，要学习更复杂的指令时，儿童确实需要成人的帮助。

年幼的儿童可能识字，也可能不识字，所以我们决定让所有的图标一目了然。成人告诉我们，他们希望在屏幕上看到指令，所以我们将 ScratchJr 设计成用户点击图标时显示文字。这个设计为成人提供了必要的支持，同时也不会分散儿童的注意力。至于 KIBO，一开始需要成人向儿童展示如何扫描积木；但是，随后只需一个按钮就可以让机器人按照程序运行。一旦儿童学会了怎样扫描和何时按下按钮，他们就可以自己使用 KIBO 了。

多样性

“多样性”一词通常会让我们想到民族、种族、宗教和社会经济地位。然而，在这里，我们想问的最基本的问题是：儿童在编程时可以拥有哪些多样化的体验？他们创建项目的方法可以具有多样性吗？他们能达成解决方案的多样化吗？编程语言的丰富之处在于，它可以作为工具来创建任何东西。就像画笔和调色板，或诗歌、故事的语言一样，编程语言必须支持儿童扩展他们的想象力（Bers, 2018）。但是，给儿童调色板时，我们不会提供数百种颜色，让他们感到喘不过气；教语言时，我们也不会一次性介绍所有词语（Hassenfeld & Bers, 2019）。类似地，创建一种编程语言时，我们应该为儿童提供可管理的编程指令“调色板”。KIBO 和 ScratchJr 的指令都很简单，但它们组合在一起时，可以产生强大的结果。对于专业的成人程序员来说，其中似乎缺少一些重要的东西，比如变量，但对于不熟悉这个概念的儿童来说，这不是问题。随着儿童的成长，他们将准备好转向更复杂的编程语言（例如，从 ScratchJr 到 Scratch，或从 KIBO 到乐高机器人），这些语言有更大、更复杂的编程“调色板”。

项目规模

我们期望使用该编程语言的人数是多少？是否需要一个最小的规模来维持参与者的参与度（围绕技术建立社交网络或虚拟社区时往往是这种情况）？该语言是开源的吗？其他人是否可以对它进行改进？如果是的话，要对这个过程进行管理吗？如何管理呢？在 ScratchJr 和 KIBO 这两个项目中，我们决定，目前我们面向全球用户，但不会将其设置成开源工具，因为我们没有适当的支持机制来确保成功的开源体验。对于 ScratchJr，我们不仅对应用程序启动了语言本土化进程（该应用程序已被翻译成包括英语在内的 7 种语言），还对相关课程材料和图书启动了语言本土化进程（Bers & Resnick, 2015），这些课程材料和图书已被翻译成多种语言。ScratchJr 团队每 3—6 个月发布一个新版本的 ScratchJr 应用程序，以添加新的语言版本。与此同时，KIBO 机器人正在美国 48 个州的公立、私立学校以及家庭环境中使用。在全球范围内，KIBO（不像 ScratchJr 那样依赖文字和翻译）已经在 43 个国家和地区使用，而且这个数量还在稳步增长。

用户社区

大多数编程语言在取得成功后，都会开始建立用户社区。有些是虚拟的，有些则是面对面的。有些积极地为社区成员开发支持机制，并创建在线教程、博客等，而有些则没有。就儿童编程语言而言，最基本的问题是：哪些用户需要成为社区的一部分？是儿童自己吗？还是家长、教师或其他成人都参与其中？需要建立多少不同的社区？如何管理社区？我们对这些问题的不同回答，会带来不同的策略。

通过 ScratchJr 和 KIBO，我们拥有了数千个活跃用户的邮件列表。ScratchJr 邮件列表发送有关新闻、应用程序更新和社区活动的信息，KIBO 邮件列表则每月发送一次简讯，其中包括学习 KIBO 新模块的提示、教师以创新方式使用 KIBO 的文章以及课程创意。此外，由于 ScratchJr 和 KIBO 都是同时面向两个群体（儿童和成人）的，我们决定发起家庭编程日活动，让儿童和他们的家人聚集在一起，通过协作活动学习编程和技术。

设计过程

设计任何产品时，让所有潜在用户参与设计过程都是很重要的。为儿童设计编程语言时，父母、教育工作者和儿童都需要参与这项工作。这可能会使事情变得复杂，因为这是三组不同的用户，他们的目标不同。然而，我们还是需要听到这些群体的声音。年幼儿童无法像成人一样参与在线问卷调查和焦点小组访谈。为了让他们表达自己的观点和偏好，需要尽早让他们接触到原型。他们通过行动来学习，我们则通过观察来学习。这带来了一些明显的挑战，但这些挑战大多可以通过低技术原型和“绿野仙踪”式模拟来解决。在人机交互领域，“绿野仙踪”技术是一种研究性实验，实验对象与一个他们认为是自主的计算机系统进行交互，但实际上这个系统完全或部分由人操控。

教师需要设想如何将编程语言融入日常教学。早期的原型研究需在课堂和其他使用编程语言的环境中进行，仅仅在实验室的安全环境中进行先导研究是不够的。这种迭代设计过程需要所有相关者参与，耗时且成本高昂。以 KIBO 和 ScratchJr 为例，在发布产品之前，我们对早期原型进行了至少三年的研究。

访问环境

要使用编程语言，我们就需要访问应用程序。年幼儿童能够自行访问，还是需要教师和家长的帮助？在学校，教师可能扮演协调者的角色，以保证所需的技术是可用的。但是，在家里，情况就不同了。例如，ScratchJr 在平板电脑上运行，年幼儿童可以独立使用，还是需要使用父母的设备？他们是否会与其他家庭成员争夺设备？许多家庭每天只给孩子有限的“自由选择”屏幕时间。这意味着，ScratchJr 等编程应用程序必须与电子游戏和电视节目竞争时间。另外，KIBO 工具箱可以让儿童自己打开和关闭，还可以让他们负责收拾和整理自己的材料。然而，KIBO 这样的机器人套件可能仍然会有跟 ScratchJr 一样的问题。例如，父母是把 KIBO 放在孩子的卧室或游戏室，让他们可以自由使用，就像他们的其他玩具一样，还是像对待平板电脑和其他“昂贵的技术设备”一样，把它放在架子上，需要成人的帮助才能拿到？这些问题都会影响儿童体验编程游乐场的方式。

财务模式

什么样的财务模式能够支持编程语言的设计以及未来的可持续发展？这个问题需要在一开始就提出。一种新产品进入教育市场时，教师需要接受培训，课程需要做出调整，新的教材需要采购，等等。如果不能保证新的环境是“活的”，并且在需要的时候能提供支持，这些都不会发生。为年幼儿童设计一种编程语言是一项庞大的工程，财务上的可持续性不仅对项目的发展至关重要，而且对项目后续的更新和漏洞修复也至关重要。在启动一个可能经过深思熟虑的、高质量但无法承担成本的项目之前，了解这一点是很重要的。在 ScratchJr 和 KIBO 这两个案例中，我们从美国国家科学基金会获得了大量的资金来启动项目。现在，Scratch 基金会为 ScratchJr 提供了所需的资金支持，使我们能够继续将其作为免费应用程序提供给用户；美国国家科学基金会小企业创新研究计划资助、天使资金和销售收入使我们可以在全球范围内将 KIBO 商业化。

虽然本章介绍的维度并不关注具体的技术特征，但它们为认识技术使用情境的丰富性提供了更广泛的视角。尽管为儿童早期教育设计具有发展适宜性的工具很重要，但编程的学习和计算思维的发展发生在整体课程体验的情境中，认识到这一点也很重要。下一章将重点介绍打造编程游乐场的教学策略。

参考文献

Bers, M. U. (2012). *Designing digital experiences for positive youth development: From playpen to playground*. Cary, NC: Oxford University Press.

Bers, M. U. (2018, April 17–20). Coding, playgrounds and literacy in early childhood education: The development of KIBO robotics and ScratchJr. *Paper presented at the IEEE Global Engineering Education Conference (EDUCON)* (pp. 2100–2108). Santa Cruz de Tenerife, Canary Islands, Spain.

Bers, M. U. (2019). Coding as another language: A pedagogical approach for teaching computer science in early childhood. *Journal of Computers in Education*,

6(4), 499–528.

Bers, M. U. & Resnick, M. (2015). *The official ScratchJr book*. San Francisco, CA: No Starch Press.

Brown, T. (2009). *Change by design: How design thinking transforms organizations and inspires innovation*. New York, NY: Harper Collins.

Case, R. (1984). The process of stage transition: A neo-Piagetian view. In R. Sternberg (Ed.), *Mechanisms of cognitive development* (pp. 19–44). San Francisco, CA: Freeman.

Erikson, E. H. (1950). *Childhood and society*. New York, NY: Norton.

Feldman, D. H. (2004). Piaget's stages: The unfinished symphony of cognitive development. *New Ideas in Psychology*, *22*(3), 175–231.

Fischer, K. W. (1980). A theory of cognitive development: The control and construction of hierarchies of skills. *Psychological Review*, *87*(6), 477–531.

Hassenfeld, Z. R. & Bers, M. U. (2019). When we teach programming languages as literacy. (Blog post).

Piaget, J. (1951). Egocentric thought and sociocentric thought. In J. Piaget (Ed.), *Sociological studies* (pp. 270–286). London: Routledge.

Piaget, J. (1952). *The origins of intelligence in children*. New York, NY: International Universities Press.

Scarlett, W. G., Naudeau, S., Ponte, I. & Salonius-Pasternak, D. (2005). *Children's play*. Thousand Oaks, CA: Sage.

Vygotsky, L. (1976). Play and its role in the mental development of the child. In J. Bruner, A. Jolly & K. Sylva (Eds.), *Play: Its role in development and evolution* (pp. 537–559). New York, NY: Basic Books.

教学策略：儿童早期课程中的编程

在来美国读研究生之前，我做过记者。因此，我学会了问5个问题：是什么、为什么、何时、何地和如何。现在，随着本书接近尾声，我将逐一回答这些问题。“是什么”是本书的核心：编程，以及与之相关的计算机科学的强大思想。“为什么”这个问题已经在本书中得到了回答，特别是在第一部分的章节中，我们从认知维度、个人维度、社会维度和情感维度探索了编程。“何时”“何地”根据特定的背景和情境会得到不同的答案，包括家庭、学校、课外活动机构、图书馆、创客空间等，关于ScratchJr和KIBO的章节提供了一些例子。最后，“如何”是整体的方法，也是我对这个不断发展的领域的贡献：基于正向技术发展框架的游乐场式编程方法。

对于教师来说，理论框架能为设计、实施和评估课程提供指导原则。这一章分享的教学策略是我多年来在向年幼儿童介绍编程时发现的有用的方法。

教学可以定义为：为儿童创造必要的条件，让他们接触并探索强大思想。让我们回到西摩·佩珀特的书《头脑风暴：儿童、计算机和强大思想》（Papert，1980）。他曾经因读者认为书中的关键概念是儿童和计算机而感到遗憾。在他看来，这本书其实是关于强大思想的。佩珀特关于强大思想的概念是其建构主义教育方法中最复杂的概念之一，可能也是最具智力价值的概念之一。

计算机在教育方面的潜力在于，它能让儿童接触到强大思想。因此，课程应该围绕强大思想来构建。在本书中，第八章探讨了儿童在编程时会接触到的计算机科学的强大思想。通过这本书，特别是第三部分，我们了解了这些强大思想，以及它们如何使儿童参与计算思维。

多年来，越来越多的研究人员和教育工作者使用“强大思想”一词来指代一套由每个研究领域的专家群体确定的值得学习的智力工具（Bers, 2008）。然而，不同的人使用这个术语的方式不同，大家对于给出统一定义的利弊也存在不同的意见（Papert & Resnick, 1996）。

佩珀特的建构主义是关于强大思想的（Papert, 2000）。他认为计算机是强大思想的载体，是教育变革的代表。学校改革是一个复杂的议题，佩珀特的建构主义则对这一议题做出了贡献：它提出将编程引入课堂，作为重构学习和接触强大思想的一种方式。

佩珀特和他的同事对思考和思维世界的重视源于皮亚杰的发生认识论：了解我们如何知道我们所知道的，我们如何建构知识，以及我们如何思考。思考是我们在儿童早期引入编程的核心。编程帮助儿童以系统和有序的方式思考。

本书展示了思考如何以一种游戏性的方式发生。罗丹的雕塑“思想者”刻画了一名坐在石头上、一只手托着下巴在沉思的男性，这一雕塑经常被用来表示思考是一种静止和被动的活动。然而，研究表明，思考是具身的，我们从事各种活动（包括游戏）时，都会发生思考（Hutchins, 1995; Kiefer & Trumpp, 2012; Wilson & Foglia, 2011）。在编程时，孩子们会思考算法、模块化、控制结构、表征、硬件和软件、调试、设计过程，也会思考自己的想法。

强大思想既是智力工具，也会引起情绪反应。儿童可以将强大思想与个人兴趣、爱好和过去的经历联系起来。儿童早期教育特别注意创设能促使儿童建立联系的学习环境。生成式课程以儿童的兴趣为基础，并回应儿童自身的想法、兴趣和问题（Rinaldi, 1998）。全美幼儿教育协会关于促进跨领域融合课程的指导方针的理念与强大思想的建构主义理念非常接近。这些指导方针要求将核心的原则或概念普遍应用于各领域（以支持新思想和新概念的发展），这些原则或概念要从儿童的个人兴趣中产生，并与儿童的个人兴趣相关联（Bredekamp & Rosegrant, 1995）。

我们如何看待游乐场式编程课程？

课程应以一种相互联系且具有发展适宜性的方式，促进儿童与强大思想的“相遇”。当课程的目标是通过游戏性的编程来促进计算思维发展时，考虑以下因素是有帮助的。

1. **节奏**：对于为了解计算机科学的强大思想而设计的活动，考虑活动的时间范围和顺序是很重要的。可以设计成一个密集的编程周课程，也可以设计成为期几个月、每周一到两次的编程课程，还可以设计成为期一年的课程。

2. **编程活动的类型**：一些编程活动是结构化的挑战，另一些则是自主探索。结构化的挑战以模块化的方式传达强大思想，能确保每名参与的儿童都接触到相同的材料；自主探索则提供了尝试新点子和独立发现事物的机会。因此，为自主探索留出时间，有助于为儿童后续的发展奠定坚实的基础。

3. **材料**：编程需要工具。尽管可以通过低技术材料（如编程指令的印刷图标）来探索计算思维，但这并不能替代编程语言本身。材料的可获得性很重要。例如，同样是使用机器人，一些教师可能会给每组一个完整的机器人套件，儿童可在工具箱上贴上自己的名字，并在整个课程期间使用相同的工具箱；另一些教师可能会拆开工具箱，将材料按类型分类，并将所有材料放在教室中央，儿童可以根据需要进行选择。如果使用平板电脑，提醒儿童给平板电脑充电是很重要的。一些学校配备了移动电源，因此儿童和教师不需要担心电量耗尽。一些教室有自己的设备，因此教师有责任确保所有的材料都处于可用状态。无论技术平台如何，对如何使用和对待材料设定期望是至关重要的。这些问题的重要性不仅在于，解决好它们会使课程更容易实施，还在于（正如瑞吉欧教育所描述的那样），环境是儿童的"第三位教师"（Darragh, 2006）。

4. **课堂管理**：在儿童早期的学习环境中，课堂管理需要仔细规划和不断调整。在技术丰富的活动中，由于材料本身的新颖性，情况可能会有所不同。重要的是，要为材料的使用和活动的各个环节（如技术圈、清理时间等）设定清晰的结构和期望。

5. **小组规模**：与任何其他类型的活动一样，小组规模可以是全班、一组、两个人或一个人。个体活动是否可行，取决于材料的可获得性，而材料可能是有限的。不过，应该努力让儿童在规模尽可能小的小组中工作。一些班级将技术活动安排在日程表中的"区域活动时间"，在这个时间段中，儿童在区域进行活动，每个区域都有不同的活动。当儿童有问题时，这种形式让他们有更多的机会与教师交流，请教师进行指导和反馈，这比集体活动更容易评价每名儿童的进步。小组活动和个体活动不一样。我们用读写能力来做个比较。当儿童学习写字时，他们不会共用一支铅笔。每名儿童都有一支铅笔，需要用多少时间就用多少时间。虽然小组活动可以促进交流、引发更多的讨论和观点，但为个体活动留出时间仍然很重要。

6. **符合州和国家框架**：在写这本书的时候，美国还没有针对儿童早期计算思维和编程的国家框架。许多计划正在进行中（如 Code.org, Computing Leaders ACM & CSTA, 2016; U.S. Department of Education & Office of Innovation and Improvement, 2016），已有几个国家将编程作为必修内容。然而，计算机科学的一些强大思想是其他学科（如数学、语文、工程和科学）的基础。此外，编程还提供了整合学科知识和技能的有效方法。因此，有必要深思熟虑地规划，以明确编程的每种强大思想如何与全国、各州框架规定的传统学科的知识和技能相联系。

7. **评价**：用游乐场式的方法编程，儿童一定玩得很开心；然而，评价学习过程和学习结果也是很重要的。有很多方法可以做到这一点：记录儿童的项目，并和他们讨论分享项目的方式；分析他们对同一项目的迭代设计日志；完成考查特定知识的练习题；收集工作档案；使用评估工具，如我的技术与儿童发展研究小组开发的 Solve-Its 任务、计算思维评价和"工程许可"（Engineering licenses）（DevTech Research Group, 2015; Relkin & Bers, 2019; Strawhacker & Bers, 2015, 2019）。这些工具可以用来评价每名儿童在小组或个体活动中的学习情况。

教师会发现，将编程引入儿童早期课程之前思考上述 7 个因素会很有帮助。有关计算机科学的强大思想的课程可以通过不同的教学方法来实施。本书介绍了基于正向技术发展框架（Bers, 2012）的游乐场式编程方法，以及在游乐场和编程课程中都可以找到的 6 种正向行为：协作、沟通、社区建设、内容创建、创造力和行为选择。让我们一起回顾一下（见图 14.1）。

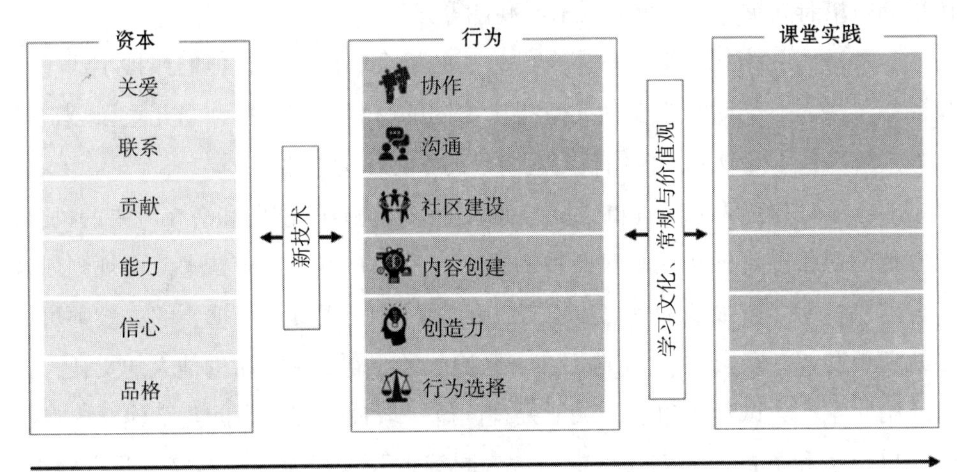

图 14.1　伯斯（Bers，2012）开发的正向技术发展框架，提出了 6 种正向行为，认为这些行为应该得到使用新教育技术的教育项目的支持。第三栏“课堂实践”留白，教育工作者可以根据自己的课堂文化、实践和习惯自行完成

1. 协作：让儿童进入一个促进团队合作、共享资源和相互关爱的学习环境中。协作在这里定义为，在项目中获得或提供帮助，一起编程，借出或借入材料，或者一起完成一项共同的任务。

2. 沟通：促进同伴之间或儿童与成人之间联系的机制，如技术圈。技术圈作为一个共同体，提供了解决问题的好机会。为了涵盖所有重要的观点同时又不分散儿童的注意力，讨论可以在全天分阶段进行，而不是一次完成。还可以在机器人、平板电脑或其他技术材料不使用的时候，为它们建造一个“技术停车场”，让儿童能够专注于技术圈。

3. 社区建设：通过搭建支架，形成一个学习社区，促使儿童贡献新的想法。我们的长远教育目标是不仅对参与的儿童和教师培养其计算思维和技术流利性，还对更广泛的社区培养其计算思维和技术流利性。开放日为儿童提供了真正的机会，让他们能够与其他愿意投入学习的人分享、庆祝学习过程和最终产品。在开放日，家人、朋友和社区成员来到教室，观看儿童展示最终项目。每名儿童不仅有机会运行他们的机器人和项目，还可以扮演教师的角色，解释他们是如何创建、编程和解决问题的。

4. 内容创建：创建一个项目并对其进行编程。编程涉及的设计过程和计算思维能够培养儿童计算思维和技术流利性等方面的能力。

5. 创造力：为儿童提供发展自己想法的机会，而不是让他们照抄小册子或按照指示去做；同时，也要为儿童提供不同的材料供其选择。当儿童以创造性的方式解决技术问题后，他们就会对自己的学习潜力产生信心。

6. 行为选择：为儿童提供尝试“如果……会怎样”问题和潜在后果的机会，激发他们对价值观的审视和对品格的探索。爱护材料、遵守技术使用规则以及区分角色，对儿童成长为一名有责任心的学习社区成员是很重要的。教师可以给儿童颁发“专家徽章”，让他们在自己擅长的主题上承担帮助他人的责任，同时鼓励儿童多尝试新的角色，灵活处理问题。教授编程，帮助儿童建立内在准则、以公正和负责任的方式行事，二者同等重要。行为选择不仅由儿童做出，教师也要在向儿童展示和介绍材料的方式上做出重要选择。

选择具有发展适宜性的编程语言，对于在儿童早期教育中引入编程至关重要。此外，在本书中，我还展示了编程语言为什么要以“编程是读写能力”而不是“编程是解决问题”的方式来设计。这意味着，儿童可以很轻松地发展编程语言的流利性，成为自己编程项目的生产者，并与他人分享。在编程的过程中，他们会解决许多问题；但我们的教育目标超越了解决问题的范畴，旨在促进个人表达和交流。

儿童学习阅读和写作时，我们会为他们提供不同种类的图书和不同类型的写作材料，且它们都是具有发展适宜性的。资源的多样性丰富了他们的读写经验；同样，对于编程工具而言，也是如此。流利地使用 ScratchJr、KIBO 和前面描述的任何其他编程语言，都可以丰富他们的计算思维。

想要将编程引入儿童早期课程的教育工作者不但需要这些编程语言，还需要一种具有发展适宜性的、蕴含计算机科学强大思想的课程，以及一个理解完整儿童的指导框架：第六章通过探讨“编程作为另一种语言”课程，提供了一个示例；我提出的正向技术发展框架及其 6 种正向行为，整合了儿童的认知、个人、社会、情感和道德维度。有了编程语言、课程和指导框架，儿童早期教育工作者就可以尽情享受编程游乐场的乐趣了。

参考文献

Bers, M. U. (2008). *Blocks to robots: Learning with technology in the early childhood classroom*. New York, NY: Teachers College Press.

Bers, M. U. (2012). *Designing digital experiences for positive youth development: From playpen to playground*. Cary, NC: Oxford University Press.

Bredekamp, S. & Rosegrant, T. (Eds.). (1995). *Reaching potentials: Transforming early childhood curriculum and assessment* (Vol. 2). Washington, DC: NAEYC.

Code.org, Computing Leaders ACM & CSTA. (2016). Announcing a new framework to define K-12 computer science education [Press release]. *Code.org*.

Darragh, J. C. (2006). *The environment as the third teacher.*

DevTech Research Group. (2015). *Sample engineer's license*.

Hutchins, E. (1995). *Cognition in the wild*. Cambridge, MA: MIT Press.

Kiefer, M. & Trumpp, N. M. (2012). Embodiment theory and education: The foundations of cognition in perception and action. *Trends in Neuroscience and Education*, *1*(1), 15–20.

Papert, S. (1980). *Mindstorms: Children, computers, and powerful ideas*. New York, NY: Basic Books, Inc.

Papert, S. (2000). What's the big idea? Toward a pedagogy of idea power. *IBM Systems Journal*, *39*(3–4), 720–729.

Papert, S. & Resnick, M. (1996). Powerful ideas. *Paper presented at Rescuing the Powerful Ideas, an NSF-sponsored Symposium at MIT*, Cambridge, MA.

Relkin, E. & Bers, M. U. (2019). Designing an assessment of computational thinking abilities for young children. In L. E. Cohen & S. Waite-Stupiansky (Eds.), *STEM for early childhood learners: How science, technology, engineering and mathematics strengthen learning* (pp. 85–98). New York, NY: Routledge.

Rinaldi, C. (1998). Projected curriculum constructed through documentation —Progettazione: An interview with Lella Gandini. In C. Edwards, L. Gandini & G. Forman (Eds.), *The hundred languages of children: The Reggio Emilia approach—Advanced reflections* (2nd ed., pp. 113–126). Greenwich, CT: Ablex.

Strawhacker, A. L. & Bers, M. U. (2015). “I want my robot to look for food”: Comparing children’s programming comprehension using tangible, graphical, and hybrid user interfaces. *International Journal of Technology and Design Education*, *25*(3), 293–319.

Strawhacker, A. L. & Bers, M. U. (2019). What they learn when they learn coding: Investigating cognitive domains and computer programming knowledge in young children. *Educational Technology Research and Development*, *67*(3), 541–575.

U.S. Department of Education & Office of Innovation and Improvement. (2016). *STEM 2026: A vision for innovation in STEM education*. Washington, DC: Author.

Wilson, R. A. & Foglia, L. (2011). Embodied cognition. *Stanford Encyclopedia of Philosophy*.

结　语

周一下午 3 点，阳光明媚，我刚刚结束对波士顿地区数百名幼儿教师的演讲。当我走出会议室时，一位女士腼腆地向我走来。她想知道该不该让 6 岁的孩子独自使用 ScratchJr，多久使用一次。我看着她笑了。这个问题我听过很多次了。我问她："你会让她读书吗？多长时间？你会让她写故事吗？写多少个故事？会一直允许吗？"她回答说：

"看情况。这取决于她读什么书，她什么时候想写。我不会让她在一家人聚餐的时候写故事，当然我也不会让她读我放在家里的一些成人的书。对她来说那些书太恐怖了。"

为了回答我的问题，这位女士仔细进行了考虑。类似的逻辑也适用于技术的使用：看情况。

自本书的第一版出版以来，关于儿童应该如何、何时、何地去接触技术的问题变得越来越复杂。随着平板电脑和手机越来越多地占据成人的社交领域，它们在儿童的生活中也扮演着越来越重要的角色。在写本书的时候，我一直在纠结这个问题。没有什么能取代面对面的互动和通过实物来操控我们周围的世界。此外，让我担心的是，由于成人和同伴的缺席，屏幕正在填补他们留下的空白。即使他们在场，如果他们自己也沉浸在电子设备中，他们也是缺席的。当然，使用电子设备的方式有很多，其中一些是正向的，我希望通过本书向您展示一些例子。然而，问题不在于儿童该不该坐在屏幕前，而在于他们在屏幕前做什么。

正如本书所述，无论有无屏幕，编程都可以成为一种新的游戏形式，带来正向的体验。正向技术发展框架可以指导我们理解，儿童在发展计算思维、探索计算机科学强大思想的过程中可以达成的发展里程碑和游戏性的学习体验。编程是一个游乐场，它为个人的学习与成长、探索与创造、掌握新技能与发展新思维方式提供了许多机会。我们并不总是带儿童去游乐场，还有其他地方可以参观，也还有其他技能可以培养。但是去游乐场时，我们希望它是一个具有发展适宜性的空间。

我在本书中提出的游乐场式编程方法，超越了将编程作为技术型技能的传统观点。编程是一种读写能力。它能够激发新的思维方式，使人有能力创作对个人有意义的、可以与创作者分离的人工制品，而其创作者有意图、有激情、有表达的欲望。编程和写作一样，是人类表达的一种媒介。通过这个表达过程，我们能够学会以新的方式思考、感受和交流。本书反对将解决问题作为儿童早期编程的主要目标。相反，我主张编程应支持流畅的个人表达。

在编程的游乐场上，儿童会创建自己的项目来交流想法并表达自己的自我认同。他们会成为技术产品的生产者，而不仅仅是消费者。他们需要具有发展适宜性的工具，如 KIBO 和 ScratchJr。他们可以解决问题和讲故事，也可以发展排序能力和算法思维。他们会经历从早期想法到可以与他人分享的最终产品的设计过程。他们会学习如何应对挫折并找到解决方案，而不是遇到挑战就放弃。他们会为调试项目确定策略。他们能学会与他人合作，并为自己的努力工作而感到自豪。在编程的游乐场上，儿童能学习到新事物，同时也乐在其中。他们可以做自己，像做游戏一样地探索新的概念和想法，发展新技能。他们可以失败，然后重新开始。

在这个编程游乐场上，儿童会接触计算机科学的强大思想，这些思想不仅对未来的程序员和工程师有用，而且对每个人都有用。在 21 世纪，编程是获得素养的一种方式，就像阅读和写作一样。儿童需要早点儿开始学习编程。今天，那些能够生产数字技术而不仅仅是消费数字技术的人，将掌握自己的命运。读写能力是人类力量的一种媒介。那些会读会写的人可以发出自己的声音，而不会读写的人经常被剥夺权利。对于那些不会编程的人来说，未来是否也会这样？那些不能运用计算思维的人，又当如何呢？

我们有义务从小就向儿童介绍编程和计算思维。我们知道，作为一种读写能力，编程将打开一扇门，门后有许多是我们现在无法预料的。但我们也知道，这些年幼的程序员仍然只是儿童。因此，他们应该得到我们能给他们的最好的东西。仅仅照搬中小学的计算机教育模式是不行的，给他们提供为较大儿童创建的编程语言也是不妥的，因为这些不适合他们的发展阶段。

作为教师，我们需要专门为年幼儿童设计技术和课程，并充分考虑他们的认知、社交和情感需求。这是一个全新的领域。因此，这些儿童是我们最好的合作者，他们可以引导我们了解他们复杂的思维方式。作为研究人员，我们需要探索儿童编程的学习进阶，以及与计算思维相关的学习路径。当一名 4 岁的儿童给她的机器人编程，让它跳“变戏法”舞蹈，或一名 5 岁的儿童制作动画时，我们必须明白到底发生了什么。虽然现在越来越注重 STEAM 相关学科的教育和研究，但我们也关注读写能力的研究，以阐明其中的一些学习过程。编程不仅可以作为一种解决问题的机制进行研究，还可以作为一种人们创造自我表达的可分享产品的过程来研究。

世界各地的教师都开始将编程和计算思维纳入儿童早期教育。希望我们可以清楚地了解如何将这些融入现有的儿童早期教育实践中。希望我们能看到儿童的全貌，他们有自己的观点，有故事要讲述，而不仅仅是问题的解决者。希望我们鼓励和支持他们把游戏作为一种学习方式。希望我们能够帮助他们用自然语言和人工语言来表达自己。

出 版 人　郑豪杰
策划编辑　李秀勋
责任编辑　李秀勋
版式设计　郝晓红
责任校对　马明辉
责任印制　李孟晓

图书在版编目（CIP）数据

编程：儿童的游乐场：第二版 /（美）玛丽娜·乌玛什·伯斯著；陈翠译 .—北京：教育科学出版社，2024.1
（数字技术与学前教育丛书）
书名原文：Coding as a Playground: Programming and Computational Thinking in the Early Childhood Classroom, Second Edition
ISBN 978-7-5191-3616-1

Ⅰ.①编⋯　Ⅱ.①玛⋯ ②陈⋯　Ⅲ.①程序设计－儿童读物　Ⅳ.①TP311.1-49

中国国家版本馆 CIP 数据核字（2023）第 230271 号
北京市版权局著作权合同登记 图字：01-2023-1466 号

数字技术与学前教育丛书
编程——儿童的游乐场（第二版）
BIANCHENG——ERTONG DE YOULECHANG

出版发行	教育科学出版社		
社　　址	北京·朝阳区安慧北里安园甲 9 号	邮　　编	100101
总编室电话	010-64981290	编辑部电话	010-64989424
出版部电话	010-64989487	市场部电话	010-64989572
传　　真	010-64989419	网　　址	http：//www.esph.com.cn

经　　销	各地新华书店		
制　　作	浪波湾图文工作室		
印　　刷	保定市中画美凯印刷有限公司		
开　　本	720 毫米 ×1020 毫米　1/16	版　　次	2024 年 1 月第 1 版
印　　张	13	印　　次	2024 年 1 月第 1 次印刷
字　　数	207 千	定　　价	45.00 元

Coding as a Playground：Programming and Computational Thinking in the Early Childhood Classroom, Second Edition（ISBN：9780367900502）
By Marina Umaschi Bers

Authorized translation from English language edition published by Routledge, a member of the Taylor & Francis Group.

本书原版由 Taylor & Francis 出版集团旗下 Routledge 出版公司出版。